ちくま学芸文庫

陸軍将校の教育社会史 下

立身出世と天皇制

広田照幸

筑摩書房

陸軍将校の教育社会史（下）・目次

〈第Ⅱ部〉陸士・陸幼の教育

〈第Ⅲ部〉昭和戦時体制の担い手たち

上巻目次

陸軍将校の教育社会史　立身出世と天皇制

凡例

一、引用文中、特に断りのない傍点は著者が付したものである。又、括弧で括りポイントを落とした箇所は著者が補ったものである。

二、本書で繰り返し用いる用語については略記している。例えば、陸軍中央幼年学校予科→中幼予科、陸軍幼年学校→陸幼、陸軍士官学校→〈一八八六年士官候補生制度発足以前〉士官学校、〈以後〉陸士、海軍兵学校→海兵、等。

三、註は巻末に一括して掲げた。

〈第Ⅱ部〉　陸士・陸幼の教育

第三章　将校生徒の自発性と自治

第一節　はじめに

本章は、日常的な教授・学習過程を生徒の側に焦点をあてて分析することにする。戦前期の将校養成教育については、一般に、日常生活の細部まで厳格に規定されていたとか、「軍人精神の形成」のために天皇制イデオロギーが徹底的に教え込まれていたというイメージのみで語られることが多い。しかし、問題として考察しなければならないのは、どうして生徒たちは、そうした厳しい生活やイデオロギー的な教育を、不満や疑問もなしに受けいれていったのかという点である。

本章では、陸軍幼年学校（陸幼）の生徒の日記や回想を手掛りに、将校生徒たちの天皇制イデオロギーの受容の問題を、生徒たちの自発的な契機との関わりという点から明らかにしていく。

そもそも、「イデオロギーの教え込み」という語には、強圧的・注入主義的といったイメージが付着している。しかしながら、将校生徒の教育の場合にはそれはあてはまらない。たとえば、一八九八（明治三一）年八月にだされた「陸軍幼年学校教育綱領」では、「訓育ノ要旨」について、次のように打ちだされていた。

訓育ノ目的ハ直接ニ体育ト性格ノ養成トニアルヲ以テ慎重ニ考慮センコトヲ要ス能ク生徒ノ心身発達ヲ顧ミ……親愛ト威重トヲ以テ之ヲ訓育スヘシ徒ラニ厳粛ヲ主トシテ生徒心身ノ自由ナル開暢発育ヲ害フコトアルヘカラス其之ヲ実行スルニ於テ奨励及禁制ノ二方法アルコトヲ知ラサルヘカラス禁制的監督ノミヲ以テ訓育其道ヲ得タリトナスハ是レ猶ホ注入教授ヲ以テ教授ノ道ヲ得タリト為スカ如シ須ラク二者併セ用ヒテ剛健快活ニシテ而カモ常規ヲ脱セサル精神ヲ陶冶スヘシ是ヲ以テ生徒ノ年齢ト弁別力トニ順応シテ訓育誘導ノ方法ヲ酌量センコトヲ要ス[1]

ここには、「禁制的監督ノミ」では訓育の効果はあがらない、それは注入主義が教授法として唯一のやり方ではないのと同じである、と述べられている。自覚と注入、奨励と禁制の両者が必要であることが、早くから理解されていたことを示している。

また、地方幼年学校の場合、生徒懲戒の種類は、一九〇一（明治三四）年から一九二一（大正一〇）年までは、「軽譴責」から「罰席自習」「課外写字」「減外出時」「外出停止」

「懲罰課業」「重譴責」「入罰室」となっており、一九二一年からは「謹慎」のみとなった。[2]実際には、生徒の訓育を担当した武官教官たる生徒監は、生徒の問題行動を発見した時、通常叱責や訓諭・訓戒程度の処罰ですますことが多かった。上官・古参兵による暴力が横行していた一般の軍隊の内務班教育や、教師による体罰が横行する現代のいわゆる「管理教育」などとは、明らかに異なった雰囲気であったといえる。大正期に陸幼に入校したある生徒は、「生徒監と生徒では年の差が大きいこともあるが、大声をあげたり、強い言葉で叱られたり、況んや殴られたりするようなことは絶無で、懇々と説諭されるというのが最もきびしい指導であった」[3]と回想している。

また、説諭にとどまらない場合でもせいぜい次のようなものであった。

消灯時限後の寝室でいつまでもしゃべっているところを、当日の宿直川上真生徒監に見つかって、「今しゃべっていた者は校庭に出ろ」といわれた。（中略）生徒監は「眠くないようだから駆足を命ずる」といわれ、全部一列縦隊になり、校庭中央にあった楠の木を中心として、大きな円を描きながら駆け始めた。気候はよし月は明るいし、初めの内はよい気持ちであったが、それでも駆足が三十分を越える頃になると、息がはずみ、あせがにじみ出た。小一時間も走った後、「消灯後は静かに休め」と簡単に注意があって、解散になった。叱る方も叱られる方もなんの屈託もなく、ちょうど当夜の明月のように、朗らかに澄みきった心境であった。[4]

しかしながら、教育する側の懲戒による威嚇などよりも生徒が統制されていくもっと重要な要素が存在していた。学校側が求める以上の厳格さを生徒自身が積極的に実践していっていたことであった。学校側は生徒の日常生活をくまなく監視する必要はなかったし(実際にはかなり細かく一人ひとりの様子が監視＝観察されていたが)、暴力的あるいは強圧的にイデオロギーを注入する必要もなかった。学校が設定した狭い枠――望ましい将校生徒像――に生徒が自分をはめ込んでいったからである。なぜ、そしてどのように、彼らはすすんで狭い枠の中に自分をはめ込んでいったのか。それを以下で考察することにしよう。考察するカギになるのは彼らの持っていたエリート意識であった。それが生徒の自発的で積極的な秩序への同調を生んでいったのである。

第二節　天皇への距離

まず注目したいのは、彼らのエリートとしての自己の地位を再確認させるものとして、「天皇への距離の近さ」があったということである。丸山眞男は戦前期の日本について「究極的実体(＝天皇)への近接度ということこそが、個々の権力的支配だけでなく、全国家機構を運転せしめている精神的起動力にほかならない[5]」と述べている。すなわち、権力関係の秩序構造は、少なくとも心理的には、天皇を究極的な価値の源泉とする権威の構造によって正当化されていた。「天皇への近さ」は、地位や権威の高さを示すのである。陸士、陸幼の教育を見るとさかんに、「天皇への距離の近さ」が強調され、それが将校生徒のプライドやエリート意識を快く刺激していた。皇族が同級生や上下級生として在学しているとか、[6]卒業式に天皇や皇族がやってくるとか、観兵式などの天覧行事に将校生徒も陪観を許されるとか、将校生徒は皇室との接触の機会が多々あった。

それは生徒たちには、たとえば物理的接近が許される「名誉」として意識された。「大演習の最後に、天皇の閲兵が行われ、われわれもその光栄に浴した。……当時神と仰いだ明治天皇を「頭右っ！」の号令によって、親しくわが目で「注目」したことは、生涯忘れえぬ思出であった。「幼年校生徒なればこそ」と語り合った」[7]というふうである。観兵式の陪観の感想を生徒たちは、次のようにその日の日記に書き記している。

たてがみ振ひて天空高くいただく春駒ひづめの音も高く我等が宮殿下は英姿さつそうとして過ぎ給ふ。諸兵のかざす刀の影日に照り映えて光輝く。おおなんたる男性的快味ぞ。身若輩にして摂政殿下に咫尺し奉り得るの栄何物にかたとえん。[8]

僅々一間余ヲ隔テテ御答礼遊バルル御尊顔ヲ拝シ熱血逆上ス。我等ノ責ヤ愈々高シ。

朝敵何カアル。此ニ我在リ[9]

皇族の姿を近くで見ることができるという「名誉」に感激し、将校生徒としての責任を感じていたのである。「遥拝したり勅諭奉読したりして修養した顔をしとるがそんなつまらぬもので何になるか[10]」と日記に書きつける生徒ですら、「西日は丁度鳳輦の中に射し竜顔殊に麗しく特に幼年生徒に二度も御答礼になりたり。我等を思はせ給ふことの深き恐懼に耐えざるところなり[11]」とか、「一生中見るを得ざる大礼観兵式なれば拝観せんとする者非常に多かりき。我等は其の間を切って設けの場所に到着せり。実に光栄なる場所なり。然るに係りの将校の位置の悪さは気の毒なりと言はれたりしを聞き如何に将校生徒が重んぜらるるかを痛感せり[12]」と、幼年学校生徒の「厚遇」に感激している。

教育する側も、皇室と接する機会が多いことは名誉であると教え、かくも優遇されている将校生徒はますます奮起せよと励ました。それは生徒たちの勉学や修養への努力を引きだすための常套句であった。ある幼年学校を視察した教育総監が生徒に対して述べた訓示を例に挙げてみよう[13]。

謹ンテ惟ミルニ　東宮殿下ノ優渥ナル台旨ヲ幼年学校ニ注カセ給フハ諸子ノ已ニ敬承シテ感佩セル所ナルへシ是レ則チ諸子ハ他日軍隊ノ楨幹トナリテ軍国ノ重キニ任ス

ヘキヲ以テ之ヲ優遇セサセ給フニ外ナラサルヘシト恐察セラル諸子ハ此ニ鑑ミ益々励精シテ以テ其ノ本分ヲ尽シ将来有為ノ将校トナルヘキヲ期セサルヘカラス……

こうした「天皇への距離」が強調されたのは、普段の教育場面でも同様であった。講堂に幼年学校出身の皇族の写真を掲げ、「殿下と共に学べる光栄を思ひ今後益々この光栄に負かざる様奮励努力する様にと」述べる生徒監主事の訓話や[14]、天覧相撲の陪観の感激を綴った生徒の日記に「誠ニ同感、光栄ノ至極ニ浴シ奮起緊張切実ナリ」と生徒監が朱筆を入れたりしていることなど[15]、繰り返し繰り返し将校生徒の名誉と優遇が生徒に語られていった。

その結果、生徒のほうも、社会の一般の人々よりも名誉や地位の面で高い、特権的な位置に自分たちがいると思うようになる。

入校以来、「幼年生徒は特別な優遇を受けて常に光栄に浴しており、名誉なことこの上もなし。よって尽忠奉公これ努めざるべからず」と、校長や生徒監から耳にたこができるほど聞かされたものだが……。

その第一具体的事実が九月十三日明治大帝大葬にて、霊柩車が名古屋駅を通過せられるのを奉迎送することであった。全生徒は朝から第一装に着替え、駅に到り、奉迎送の位置についた。その「ホーム」は霊柩車のとまる間近であって、他の高官貴賓の人も多くいたが、次等「ホーム」の方であり、なるほど、幼年生徒は違うなあと感じたことであった。[16]

列車の見送りの位置すら彼らの特権意識を形成するものであった。もうこうなると、皇族は何を言おうが何をしようが「ありがたい」ものに感じられる。同級生の皇族が幼年学校から士官学校に入校する際、「御学友」に誰を置こうかと意向を問われた際、「二八期生の誰でもよい」と答えたのを「天資の美徳」として感激したり、[17]上級生である皇族が他の生徒と毛虫で遊んでいる様子を見て、「感佩措ク能ハズ」「幼年学校生徒ノ名誉ナリ、如此ク光栄ヲ有スル吾等ハ如何ニシテ報恩スベキヤ」と皇室への献身を誓う、といった具合である。[18]

いわば、皇室と接触するさまざまな機会は、将校生徒のエリートとしての地位や名誉を実感させるものであった。「一般の中学生よりも優遇されている」「一般人よりも軍人のほうが優遇されている」といった意識は、「自分たちは選ばれた者である」というプライドをかき立て、同時に皇室への崇敬心や忠誠心を喚起させることになった。

ところで、天皇の姿に接する「感激」が、天皇を自分の肉眼で見ることができることに対する「光栄」の感情であることは、別に将校生徒に限ったものではなく、行幸に際しての感想文によって知られるように広く一般の児童・生徒に共通する反応の仕方である[19]。しかし将校生徒の場合は、それが特権意識や責任感に結びついていた点に特色がある。毛虫で遊ぶ皇族の姿に感激するのは、自分の置かれている社会的地位に対して感激していたのである。

彼らにとっては皇室への接近が、自分たちの地位と名誉、それに付随する責任を自覚させるものであった。「天皇への距離」の近さによる自分の地位への感激——彼らが自発的・積極的に天皇制イデオロギーを受け入れ、自らの世界観としていった一つの契機はここにあった。

第三節　自治と自発性

本節では、将校生徒の自治の実態を、陸幼の事例を通して検討する。具体的には、陸幼の将校生徒のさまざまな自治的活動の中から、(1)指導生徒という制度による上級生による下級生の訓育、(2)生徒による学校行事の企画・運営やさまざまな自発的慣行、(3)生徒間での制裁、という三つの側面をとりあげて検討していく。(1)と(2)はいわば学校側が規定した、もしくは奨励した、フォーマルな自治の側面であり、(3)は自生的な生徒文化によるインフォーマルな自治の側面である。

1　指導生徒（模範生徒）について

一八九八（明治三一）年までは、生徒舎ごとに舎長が任命されていた。九三年の生徒心得によると、舎長は次の仕事を担当した。

まず、生徒の取り締まりである。「舎長ハ所属士官ノ命ヲ奉シ常ニ生徒ノ取締ヲナシ生徒ヲシテ諸規則ヲ遵守セシメ……不良ノ行為アル者ハ之ヲ申告スヘシ」（第一条）と、不良行為の監視・密告の役割を負わされていた。さらに、朝晩の点呼の際に生徒に番号を唱えさせ、検査の週番士官に現員数を報告すること（第二条）、点呼の際に身体の調子が悪い者がいるときには、下副官（下士官）に報告すること（第三条）、臨時の命令をすべての生徒に通達すること（第四条）、病気等で不在の者の物品や自習室の本や器械の保管、といった細かい仕事を担当した。この舎長の中から毎日一人が日直舎長になった。日直舎長は臨時命令諸達を受けて他の舎長に通達したり、食堂往復時の生徒隊の引率を受け持ったりした。

舎長制度は一八九八（明治三一）年に廃止され、日直生徒となり、明治末には勤務生徒（取締生徒）になった。[20]一九二八（昭和三）年の勤務生徒の仕事の内容をみると、上官の命令を受けて生徒の取り締まりや事故の報告にあったり、命令を生徒に伝達したり、点呼を掌握したりした、舎長制度以来の仕事のほか「検査及ビ上官巡視ノ際ハ之レニ随行」し、「第三学年勤務生徒ハ朝礼ノ際ハ全学年ヲ指揮シ週番士官ニ対シ敬礼ヲ行」ない、勤務日誌をつけることが仕事に加わっていた。こうした陸士や陸幼の勤務生徒制度は「責任ヲ重ンスル習慣ヲ養成シ諸規定ノ実践ヲ促シ内務ノ履行ヲ便ナラシムル為」[21]とか、「此勤務ハ他日部下ヲ統御スルノ階梯トナリ職ヲ守リ事ヲ処スルノ実修ヲ兼ヌル」[22]というように、責任感の育成や組織統御の訓練を兼ねていたため、交替で任務にあたった。

また、部屋の掃除、物品の保管のために寝室取締生徒（一学期交代）、語学班の取り締まりや命令伝達のために、語学班勤務生徒（一週間交代）がおかれていた。

将校生徒の教育を考えるうえでもっと重要なのは、「下級生徒ニ模範ヲ示シ善良ナル習慣ヲ養フ為」に、三年生の中から選ばれて下級生と起居を共にする、指導生徒（模範生徒）の制度である。

学校に入ると「おやぢ」という綽名の生徒監と、上級生のうちの五人ばかりが、新入生のところに、指導生徒という名前で来る。そういうものが直接私達を指導してくれるわけです。最初入りますと、何しろ今までのわれわれの生活環境というものと、全然、言葉態度から、いろいろな動作の仕方というものが違う。ですから、それを覚え込むということが最初の仕事なんです。だから、一日じゅうそれだけで精一杯で、自分自身の自覚というか、批判というか、そういう方向に頭の働く余裕など全然ない。とにかく、詰め込まれるのを何とかして早く覚え込んで、ああいう立派な上級生のような軍人にならねばならないという、そういう気持ちで一生懸命です。[23]

一人の三年生が一〇人ほどの一年生と半年間、同じ寝室、自習室で起居を共にする。毛布のたたみ方から敬礼の仕方まで、入学間もない、どうやってよいかわからない一年生に指導し、自ら模範を示す。また将校生徒としての心構えを教えたり、訓戒を与えるなど、下級生の人格形成に少なからぬ影響をもった。生徒は、ローマ帝国の「護民官」になぞらえて、指導生徒を「ゴミン」と呼んだ。「少ナクトモ最モ深キ印象ヲ受ケ、最モ大ナル影響ヲ斎スハ一年前期ナリ。即チ此ノ期ノ護民ハ神様ニシテ、之ガ態度ノ如何ニ依リテ一年生ノ習且ツ性タラシム[24]」というふうに、一年生にとっては「ゴミン」は模範とする目標であり、あるいは身近な教師としてこわい先輩であり、大きな影響力をもっていた。

たとえば、昭和の初めの頃のある一年生の日記[25]から、指導生徒の活動ぶりを見てみよう。日記の著者が入った四号室の指導生徒は精神家で知られるKであった。四月一日の入校の日に、彼は自習室、寝室へ生徒たちを引率した。四月四日、衣服のすべてを支給された一年生に整頓の仕方を教える。点呼の時に笑いながら番号を言ってはいけない、と部屋の全員に注意し（四月八日）、「言葉ガ軽シ注意セヨ」と個人的に注意を与える（四月一五日）。

観兵式の日の夜、彼は部屋の一年生の前で次のように一席ぶった。「「幼年校ハ無用ダ、イラナイ」トイウ説ハ前ヨリアリシガ此頃ニ至リテ益々盛ニナリ殆ド一致シアリ、而シテ我等ノ諸先輩ハ吾々ニ期待シテ努力サレタル結果トシテ今尚当校ハ存置シアリ、以上ノ如ク幼年校ノ興廃ハ我等ガ勉励シテ士官校ニテ何ニカケテモ中堅トナリ、将校トナリテモ軍神ト仰ガレルヤウナ人トナリ、以テ幼年校ノ存在ノ有利ナルヲ認メシム、コレ即チ現在吾等ノ義務ナリ」。また、同時に、入校後一ヶ月たったから、毎日の作業は会得したはずである。よって今後は細かく注意をしないから、自ら自覚して作業を敏捷にせよ、と述べている（四月二九日）。

さらに「（剣道で）剣ヲ床等ニ落セシ時ハ東、宮城ノ方ヲ望ミテ礼ヲシ以テ其ノ罪ヲ謝シ尚之ノコトヲ日記ニカクベシ」と注意を与えたり（五月七日）、「中期以後ニナリテ心ノユルムコトアリ其時ニ当リテ之ヲ閲シ以テ反省スル為」に、部屋の全員で寄せ書きをすることを提案したりしている（五月一二日）。

また、随意運動の時間に隠れて勉強していた一年生を見つけ、「数回言ハレシモ尚之レヲ守ラザルハ将校生徒タルカヒナシ常ニ将校生徒タルコトヲ弁ヘルベシ、ヤル時ハヤレ、徹底的ニ事ヲ行フベシ……」と叱ったり（五月一七日）、夜の自習時間は「公務ノ外ハ絶対にしゃべらないことを約束させたり（五月二五日）、といった日常生活を細かく指導し、「四号室ハ、点呼ノ際早ク並ビ、休メノ時話ヲセザルコトガ四号室ノ特風ナリ、持続スベシ」（五月二三日）というふうに自主的な規律維持に気をつかっている。

ほんの二ヶ月ほどの指導生徒の活動について見てきたが、単に寝起きを共にするだけでなく、日常生活に細かい注意を与えたり、約束を定めたり、まるで、学校の代理者であるかのように細かい訓育指導を行なっていることがわかろう。指導生徒の関心は、一年生をいかにして立派な将校生徒たらしめるかという点にあった。

　こうした生徒による生徒の取り締まりや指導は、上下級生や同期生の団結をはかるとともに将来の組織の管理の仕方を学ぶことも目的に置いたものであった。たとえば、室長の交代にあたって、ある生徒監は「二年生ノ始メ多難苦痛ノ時ニ方リテ室長ヲナシ言フニ言ハレヌ経験ヲ得タラン。将来人ト接シ、部下ヲ持ツ時ノ参考タラン、以後モ不変室長ヲ助クル心持ニテ進メ」と訓示しており、それに対し、室長の任を終えた生徒は「嗚呼終ニ室長ノ任ヲ譲ルベキカ、思フニ予ノ、室長タルヤ全ク何事モナサズ。今ニ到レバ恥ヅルノミ。唯々責任観念ニセメラルルヲ止メズ。予ノ修養ノ不足、実行ノ不完全唯々恥ヂ入ルノ外ナシ。……コレヨリ一層努力セザルベカラズ」[26]と、責任、修養といった点で反省をしている。室長としての責任を果たすことは、そのまま将校としての資質を養成することだと生徒も自覚していたのである。すなわち、教育する側もされる側も貫いていた意識は、将校として必要な資質を身につけさせる／つける、ということであった。

2　行事や自発的慣行

　彼らの「自治」の中には学年会や談話会、百日祭などの集会や生徒が主導するさまざま

な行事があった。学年会（同期生会）は学年ごとに、談話会は全学年で行なわれる話し合いであるが、

午後二時ヨリ五教室ニ於テ学年会ヲ実施ス。議論大イニワキ議スルコト二時間半ニワタル。一年ニ対スル態度ノ件、及ビ教場ニ於ケル動作ノ件ニツキテ規約ヲナス。生徒監殿講評ニ曰ク、前者ハ抽象的ニ過ギヲリ、具体的ニセヨ……（以下略[27]）

というふうに生徒監の立ち合いのもとで開かれた。議論されたテーマも、スポーツの選手の選出や、百日祭の打ち合わせ、体育祭の出し物など、行事の準備に関する事務的な事項であったり、規則を遵守するための話し合いや生活目標の決定など、規律や校風の維持に関わるものに限られていた。

ここで注意すべきなのは、こうした話し合いは、規則の改廃をめぐるものではなく、遵守をめぐるものであったということである。すなわち学校当局が定めた制度・規則をいかにして逸脱しないかのために、生徒自身が団結して力を尽くすことが彼らにとっての「自治」であった。学校の規則や教育目的を自明のものとしたうえで、それを生徒自体が遵守するやり方のみが問題にされたのである。たとえば、朝の遥拝をしない者がいる、と週番

士官が注意した時、「我々ガ自ラナスベキコトニツキテ上官ニ注意ヲ受クル、恥辱ナリ。自覚ニヨツテセザルベカラザルナリ。人事ナラズ我ガコトナリ」[28]と、生徒自身の手で遥拝を徹底するというふうに。

それゆえ、学年会の「規約」[29]が、「同期生ハ互ニ遠慮ナク注意スルコト」「他人ノ注意ヲ快ク容レ直ニ其レヲ実行スルコト」といったものになったり、学年会で決めた各学期の標語が「五条の勅諭身につけて」[30]「磨け武士道」[31]というふうに、学校側の期待に沿ったものになるのは当然のことであった。遥拝が強制されていなかった時期に、遥拝所がないのを不満として、「大講堂の東側の台端を伸ばして小山を盛り上げてほしい」と学校に要望したり[32]、点呼後集まって、生徒監への態度がなっていないと反省したりする[33]、といった生徒の「自発性」は、「良き将校生徒」という狭い枠に自らを閉じ込めていくものであった。

一方、インフォーマルな生徒文化に近い行事として、規則で定められていたわけではないが、生徒が自発的に行ない、学校側もそれを奨励した、さまざまな諸慣行が存在した。たとえば、土曜日や日曜日の夕方に三年生が下級生の軍歌演習や駆足を指導するというのは、どの幼年学校でも古くから行なわれていた。仙台陸軍幼年学校では「土曜の夕食後より、点呼までは、自由な時間とされていた。そしてまず夕食後、全校生徒揃って軍歌演習が行われた。終って駆歩という行事であったが、この駆歩は一年生と、二年生とは別々に、三年生が指導したものである。殊に二年生に対する指導は、特に猛烈を極め、辛かったものである。その代り、三年生は、楽をしたことが思い出される」[34]といったものであった。

名古屋では、「日曜外出で、たらふく満腹帰校した一、二年生が、「遼陽城頭夜は闌けて」、「金鵄の光、楠のかげ」などの軍歌で変声を張り上げながら、三年遊戯班の指導で楠木を中心に校庭を駆け回らされ、満腹の苦しさにあえぎながら、つい落伍しそうになると、松山の蔭でニラミを利かしていた先輩に尻を叩かれ励まされて、苦しさをこらえて頑張り通した思い出は今もなお忘れない」[35]といったふうであった。

東京陸軍幼年学校では、一九二一（大正一〇）年から一九二八（昭和三）年の間は日朝点呼が行なわれなかった。しかしそういう時期においても、生徒たちの中には、起床時間前に早起きして「洗面、冷水摩擦、サテハ箱根山へ散歩ニ出掛ケル奇人モア」[36]った。また、「乾布摩擦ヲ奨励シ冷水浴冷水摩擦ハ体質習慣等ヲ顧慮シ生徒ノ希望ヲ参酌シテ之ヲ行ハシメ……」[37]と、規定上は強制ではなかったが、かなりの生徒が乾布摩擦や冷水浴を自発的に行なっていた。一九二四（大正一三）年に入校したある生徒は、「上衣ヲスツポリ脱イデフウ〳〵云ヒナガラ体ヲ手拭ヒデコスツテヰルト、第一後ガ気持ヨク、風邪ヲ引カヌ」と、乾布摩擦を実行した一人である。彼はその心意気を、「寒クテモ縮マツテハヰナイ吾々男子ダ。寒ケレバ寒イダケデ毎日コスツテヰル奴モアル。予モソノ一人。真赤ニナルマデコスツテヰルト、修養ニナルト思ヘバソレマデダ。何糞寒サ等ニ負ケルモノカ。満州ノ野ニ戦ツタ先輩ヲ見ヨ。自分ニ自分ノ心ガカク叫ブ(トキ)寒サハドツカヘ飛ンデ行ツテシマツタ気ニナル」[38]と作文に綴っている。

同様に、遥拝や勅諭奉読も義務づけられていなかった時期でも自発的に行なっていた者がいたし、強制になった後も生徒たちは積極的にそれらに意味を見出していった。少し時期が下るが、一九三六（昭和一一）年に幼年学校に入った飯田林三は次のように述べている[39]。

（遥拝・勅諭奉読に）毎朝起きて、すぐ行くわけなんです。それが初めのうちは非常に苦痛といいますか、行くというのが一つの努力として感じられておりましたけれども、だんだんそういうことが習慣的になって来ますと、行かないとなにかその日一日気持がわるいという、そのようなかんじになってきます。ですから朝行かれなかった時は夜になってからでも行くというわけです。ですから御勅諭集に書いてある文句というのは、初めチンプンカンプンで余りハッキリ判らないですが、そういう時に、上級生なんかに聞きますと、とにかく判らんでもよいから読んでおれ、読んでおるとだんだん味が出て来て、遂に本当に御勅諭が自分の血となり肉となる。それまで、判らんでもよいからおれのいう通り、毎日毎日やれ、といわれた。それが一年なり、二年なり経ちますと何だか判らんですが、何だか有難いような気がしてきます。

軍人勅諭は変体仮名で、しかも長文であり、確かに中学一・二年から入校した生徒たちにはかなり難しいものであった。しかし、毎日奉読を続けるうちに「何だか有難いような気がして」くるというのである。一九三一(昭和六)年に中学から陸士予科に入校したN氏は次のように語ってくれた[40]。

N「国のために一身を捧げるなどと思って入った者はおりゃーせん。見事なもんじゃ。それが陸士に入ると「天皇教」を教え込まれるんじゃ。」
広田「内容はどういうものですか。」
N「朝晩の軍人勅諭の奉読、毎朝学校の中に雄叫神社というのがあって、そこにお参りして、それから自分の郷里の方向に遥拝する。毎日軍人勅諭を奉読しとるうちに、天皇に接しておる、という感じがしてくる。天皇に代わって部下を指揮するという感じになるんじゃ。」

生徒一人ひとりが「工夫」して、自分自身に試練を課すこともしばしばあった。一九三七(昭和一二)年に陸士予科に入校したH氏へのインタビューから、一つの例を挙げてみる[41]。

Ｈ「一週間演習というのがあって、そのあと習志野から市ヶ谷まで行軍で帰ってくるんですが、その時背嚢にレンガをいくつか入れて、自分の限界に挑戦するんですよ。」
広田「それは誰かに言われてやるんですか。」
Ｈ「いや、自発的にですね、やるんですよ。私は二つぐらいでしたが、水を飲まずに歩き通すことを自分に誓ってました。夜通し行動して両国で休憩があって、乾パンを食べたんですが、水を飲まないと決めていたんで大変でした。」
広田「そういう雰囲気は自然にあったんでしょうか。」
Ｈ「学校内のそういうムードはありましたね。「挺身難に赴く」気概をつくっていったわけです。」

3　生徒による制裁

陸士や陸幼では、生徒同士で規律や校風を維持するさまざまな生徒文化が存在した。生徒たちは自主的に、宮城を遥拝したり朝稽古や冷水浴をしたり、休日には文官教官や生徒監の家を訪問して教育を担当した者と親密な関係を作っていったりした。そうした学校側が奨励したものとならんで、学校側が手を焼いた逸脱行動も存在していた。

その中でここで注目するのは、当時「弥次」と呼ばれた上級生による下級生の私的制裁と、「切磋琢磨」と呼ばれた同級生間での制裁である。前述したように、生徒監や週番士官など、教育する側はビンタ等はほとんどしなかった。むしろ、生徒同士の間でそれは盛んに行なわれたのである。「私的」といっても、一対一のこともあれば、学年全体に対する制裁というもの（「全滅」という）もあった。

陸士一一期、荒城卓爾（のち少将）の、陸幼時代の日記（一八九七〜九八年）から制裁に関する部分を抜きだせば次のようになっている。[42]

〔一年生〕
五月二四日　三年生中井自習室に来て服部を打つ。
六月三〇日　二年生関谷一木人員検査後余を打つ三〇本許り、生意気とズベラ小森もやられたるならん。
七月一日　今夜園田二年生に呼ばれ、週番士官室に逃げ込む、稲垣は聞こえぬ様なふりをする。木村寝室より出て来ず。
七月二日　今夜山口、西田、蜂須賀、平松、川浪、恵藤等と昨夜の卑怯者を懲戒す園田又逃ぐ捕らえて打つ、稲垣を打つ、木村舌を振ってさる。
〔二年生〕
九月五日　三年生岡村にひかれ三厩の後ろにて打たる。関谷来たり一つ打つ。

九月一一日　大休憩、駆足余はインキンにて遅る。三年生の中村文太余を突飛ばす。

九月一二日　手入れの際三年生来り舎前に整列させ四十分許り駆足、苦責的之には原因あり、二年生の口と三年生の威圧とより起こる……

一〇月四日　今夜城国及余を呼びに来る（福地、徳永）居らざりし本夜一中隊正に三年生を打たんとの計画あり（西郷の発議）衆議により止む。

一〇月一九日　本夜小森、平松一年生川口を引張る、蜂須賀、西田と之を留む、彼却つて余等も同様ならんと言ひ打合を始め蜂須賀止む依て将来を戒めて帰る、

一一月一二日　今夜候補生湯に走らんとして一中隊一年生の列を切る、二中隊三年生怒つて之を追ひ浴室に逃げ込めるを捕へて打つ泣く……

一一月一三日　昨夜のことに就き週番士官は進退伺を出し、三年生は始末書を出す。

一二月七日　中隊長殿の御注意（三年生の暴行について）。

一二月二五日　今日三年生駆足をやらし舎長三年生の言ふことをきかず奥野先ず舎長を打ち二年生小森、清水、山本、園部、木村等打たる。後舎長大喧嘩し血を出す。二年生分れて後真野舎長三年生を棒にて打つ又始まる、西郷と余と思わず泣いて走り付石川漣平に鼻下を打たれ茫然手を出し兼ねて帰る、今日男泣きに泣く者多し、情に脆き者なり、但し余も其の一人なり後で考へれば却つて恥ずかし。

一二月二七日　週番士官種子田中尉殿食堂にて以後三年生は第二年生徒に駆足、綱引

其他一年生に教育せしむる等の如きは一切禁ぜりと。
六月一一日　今日綱引（一年生のみ）の時古谷隠れたるを以て今夜引出して打つ、城田も共に来る然し見るのみ

日記に書かれていない制裁事件も多くあったであろうと推測されるが、生意気だとかズベラ（怠慢）だとかいった理由で、上級生が下級生を呼びだしてなぐったり（一八九七年六月三〇日、九八年六月一一日）、卑怯な振舞いをしたものに同級生が制裁を加えたり（九七年七月二〇日）といったことは、この頃に限らずのちの時代もずっと続いていた。と同時に二年生が三年生をやっつける相談をしたり（同年九月一二日）、幼年学校三年生が士官候補生を痛めつけたり（同年一一月一二日）しているのは、後の時期にはあまり見られないことである。

次に掲げるのは、大正初めの仙台陸軍幼年学校の事例である。[43]

入校後一ヵ月余り経過……したある日の夕食の際、三年生の最初の弥次が行われた。そのときの光景は、会食した生徒監が立去るのを見届け、突如三年生席の一角から「箸をおけ、二年生はたってよし」の呼号と共に、三年生が荒々しくわれわれの食卓に近づき、「貴様等一年生はダラシがないぞ。質実剛健の気風に欠くるぞ」との宣託

と共に、そこここで鉄拳の雨が降った。初めてのことではあり、これには少なからず驚くと共に、心身の緊張を覚えた。この弥次はたしかに効果があった。これを境期として、一年生の態度は一変し、キビキビするようになった。殊に私個人としては、私の直ぐ前で同じ食卓に着席していたKがやられるのを目撃し、しかもKはそのビンタを受くるに当たって、これを避ける風があったというので、居合せた他の上級生から、重ねて制裁を受けたのを目撃し、かかる場合、自分であったら、いかに処すべきやを考えさせられ、平素の心掛けとして、変に応じて、動ぜぬ沈着剛毅の気象を身につけるには、どうしたら良いかなどと、僚友阿部起吉と真剣に語り合ったことなどもあった。

　こうした「気合いを入れる」ための伝統的行事は、盛んだった時期とそうでない時期があるけれども、昭和の敗戦時まで続いていった。村上兵衛は、昭和初年の時期の制裁の模様を次のように伝えている[44]。二年生有志が「お説教をする」ということで週番士官の許可をえて、一年生全員を校庭に集めた。

「貴様らあっ……」と、ひとりがやって気合いを入れ始めた。

「貴様らの近ごろの態度はなっとらん。上級生ば何と思うちょるのか！　敬礼ちゅう

もんは、ただ手を挙げればすむもんではなかとぞ。態度がでかい。敬意がさっぱりこもっちょらん!」(中略)

するうちに〝態度のデカイ〟一年生の何人かが指名され、前に呼び出された。そして同期生が何やらわめいたと思うと、突然ビンタが飛んだ。

このような、生徒がお互いに気合いをかけあうことを、徹底的に厳禁するのは学校側としても痛しかゆしであった。一九一四(大正三)年に上原教育総監は全国の幼年学校長の会合の席上で、上級生の制裁は弱い者いじめであり、「武士道に於て啻に取るべからざるのみならず我が日本人の最も恥ずべき行動である」[45]と訓示しているが、半面、同期生の団結とか将校生徒としての向上といった観点から、週番士官や生徒監がむしろけしかけていたこともあった。たとえば一九三五(昭和一〇)年には生徒の一人が次のように生徒監の訓示を日記に記録している。「余ハ週番士官殿ノ言ワレタル、誠心ヲ以テ指導スル、即チ野次コロ気分ハ不可、若シ下級生ノ者ニシテ校風ヲケガス者アリトセバ腕力ヲ振ヒテモ可、余此ノ点大ニ感服ス」[46]と。

また、一九〇〇年前後(明治三〇年代)の時期には、陸幼でも陸士でも、生徒相互に道義的制裁を行なうべきことが、学校規則や生徒心得の中に明記されていた。一九〇二年の名古屋陸軍幼年学校の規則から引用すれば[47]、「生徒ハ相互ニ責善ノ友道ヲ守リ名誉ヲ発揚スルハ勿論相互ノ間ニ於テ不良ノコトアルヲ知ラハ之ヲ道義ノ制裁ニ訴ヘ温和懇篤ノ友情ヲ尽シ其改善ヲ図ラシム若シ其躬行修ラス本校ノ名誉ヲ汚スカ如キ所為アルモノヲ認ムルトキハ速カニ之ヲ上官ニ申告セシム」というふうであった。不良生徒がいた場合、まず生徒の努力で反省させるようにし、それでも素行があらたまらない場合には学校側に報告せよ、というのである。

この例では、「道義ノ制裁」に名を借りたいじめへの警戒は示されてはいないが、一九〇四年（明治三七）の陸士の生徒心得には、その点が明記されている。「若躬行到ラサルモノアルヲ知ルトキハ友愛ノ至情ヲ以テ温和懇篤ニ責善ノ義務ヲ尽シ反省改悛以テ過ヲ犯スニ至ラシメサルヲ期スヘシ然レトモ苟モ名ヲ忠告ニ借リ他ヲ凌辱抑制スルカ如キ行為アランカ却テ本校生徒ノ品位ヲ失墜スルコト甚シキモノニシテ断シテ恕スヘカラサル所トス」[48]。

これらの規定では、「道義ノ制裁」や「責善ノ義務」といった語が、物理的暴力を含むのかどうかは明確ではない。しかしながら逆に考えれば、これほど生徒間の制裁・忠告を奨励しながら、「但シ暴力ノ使用ヲ禁ズ」などといった明確な注意が付記されていないことは、ある程度までは暴力による制裁が黙認されていたことを物語っている。

実際、生徒の士気を高め、校風を維持し、秩序を保つためのものとして、生徒相互の、特に同期生同士の制裁はある程度までは、見つかっても叱責程度ですまされていたようである。ケガをさせたり、学校外部に事件が漏れたりしたなどの事態になった場合は問題になったけれども。[49] 上級生による、「寝台襲撃」と呼ばれた夜中の騒ぎでさえも、実際に処罰を受けたりすることはあまりなかった。私的制裁は、しばしば学校側が根絶を生徒に訴えたように、それ自体は明らかな逸脱行為であった。しかしそれは、「軍人らしさ」「組織への忠誠」を要求する、秩序への自発的な同調を目標にしたものであった。組織への同調を要求する生徒による逸脱行動――その意味で、陸軍幼年学校はきわめて向学校的な生徒文化に満たされていたということができる。

新入生は、「上級生に挨拶せんと殴られるし、一年生が冬場（校舎の）南側で日向ぼっこでもしておるもんならビンタじゃ。でも、ま、伝統じゃからこれが普通じゃと思うとった」[50]というふうに制裁を受け入れていったのが普通であった。すべては「伝統」であり、学年から学年への「申し送り」であった。

上級生への礼儀を欠くとか将校生徒らしくないとみなされる行為に対しては、遠慮なしに制裁があった。「私なんかの時、文官の国語の先生が蘆花の『やどりぎ』が「あれはお前達のことを書いてあるんだから読め」といって、こっそり誰かが買ってきまして読んでおって、二年生か三年生に見つかってひどくひっぱたかれたことがありまして……」[51]と、幼年学校を扱った小説を読むことですら、将校生徒らしくないと見なされていた。

幼年学校生活で忘れ得ぬことの一つに一、二、三年生相互間の対人関係、対学年関係、それに伴う、私的制裁、いわゆる弥次と称せられるような面がある。……ズベ公と称してわざと校規を無視するようなものもいるかと思えば、三年生にでもなると、東幼の士気の維持はわが双肩にありとばかりに気負いたち、規則を犯したり、上級生に従順ならざる二年生に鉄拳制裁を加えたりするし、同期生相互間でも各種のトラブルが起きる。しかし、このようなうちに切磋琢磨が行われ、他日部下統御の為の貴重な体験も積まされていったと顧みられる。同期、同窓の強い深い友情はこのホロ苦い苦しさを媒体として堅く結ばれているのではなかろうか。[52]

と大正期の卒業生の一人が回顧しているが、実際私的制裁はこうした機能を果たした。すなわち、生徒は、団体生活のルールや、所属集団への忠誠を学ぶとともに、一人前のエリートに生まれかわるためのイニシエーション(通過儀礼)として、制裁を甘受し、また自らも制裁に参加していったのである。

もちろん、上級生による下級生のしごきとか、鉄拳制裁といったものは、当時の一般の中学校や高等学校でも見られた。[53] しかし、陸士・陸幼の場合の特徴は、「良き将校生徒」という学校の提示する明確な将校生徒像を、常に前提としていたということである。つまり、個人的な恨みや憎しみによって行なったであろう私的制裁も、学校のフォーマルな教育目的やカリキュラムを正当性の論拠としていた。また、制裁を受ける側も、通常の場合、そういう理由から制裁を甘受したのである。

4 「自治」の機能

以上生徒の自治について、三つの側面から検討してきたが、要するに、生徒監や文官教官や校長の手を借りずに自分たちで気をつけて、立派な将校生徒になること、それが彼らの「自治」であった。幼年学校史や自伝等にあらわれる回顧録では、しばしばその自治体的性格が賛美される。確かに、彼らは勤務生徒や指導生徒になると一生懸命その仕事を果たそうとした。上級生は一生懸命下級生の模範たろうとし、また厳しく指導した。「先輩というよりも兄貴という感じの」[54]上級生がソツなくこなす立居振舞を、下級生は早く身につけようと努力した。百日祭や談話会、運動会などでは生徒全体が惜しみなく力をだし尽くした。

しかし、ここで見てきたように、彼らの自治は自発的に所属集団の秩序に同調していくことを目的としたものであって、個人の自立の原則に基づくものでは決してなかった。[55]それゆえ指導生徒だった者が、「思フニ予ガ指導生徒中ハ失敗ナリキ。彼等ヲ人間ト思ヒシガ為ナリ。己ガ信念ノ不足ナリシ為ナリ」[56]という反省をしたとしても、それは不思議ではなかった。

前に示唆したように、彼らの「自治」は二つの機能を果たしたと考えられる。一つは軍事的な実際の技術の訓練になったということである。取締生徒や指導生徒や室長としての仕事は地位や責任を与えることで組織を統御したり、運営したりするよい訓練になるということは、学校側も生徒自身も知っていた。また、そうした自分たちの仲間に服従することも一つの訓練であった。すなわち集団における秩序と規律を尊重することを、役割を与えられることで学びとったのであり、命令—服従の実際的な訓練になったのである。

と同時に、彼らの「自治」は、生徒の自発性を引き出し、将校生徒同士の結束を固め、生徒監や校長から示される、将校として必要な資質を自分達で自発的に身につけていく場でもあった。生徒監や校長は四六時中生徒を監視したり、こまごました注意を与えたりする必要はなかった。「将校生徒たれ」という一言で生徒は互いに「切磋琢磨」して「軍人精神」を身につけていくのである。それは、たとえていえば、現代の学校の運動部で、上級生が下級生に気合いを入れたり、個々の部員が自発的に自分に試練を課してトレーニングに励む、といった心理構造とよく似ている。監督やコーチは細かく指導や激励をする必要はない。「強い部になるためには何が必要か考えろ」と言いさえすればよいのである。そうした「自治」を通して、上級生や同期生との結束が強まり、軍隊組織への忠誠心や責任感が涵養される。校長は「厳父」に、生徒監は「慈母」にたとえられ、学校は家庭共同体に擬せられていた。そこでは校長や生徒監の指導の下で生徒が自主的に規則を遵守し、秩序を維持することが「自治」とされたのである。

ここで見てきたように、そうした「自治」を支えたものは、彼らの強いエリート意識であった。指導生徒は下級生に「将校生徒タルコトヲ弁ヘルヘシ」と、そのプライドと、責任の自覚を強調した。「我は将校生徒なり」という自負心の上に同級生や下級生への制裁が行なわれた。「同期生ハ互ニ遠慮ナク注意スルコト」「他人ノ注意ヲ快ク容レ直ニ其レヲ実行スルコト」といった学年会規約が如実に示しているように、彼らの自治の本質は、「良き将校生徒」という枠からの逸脱を許さない、濃密な相互監視空間であった。そうした相互監視を息苦しいものとも狭い枠に拘束されたものとも彼らが感じなかったのは、彼らが「選ばれた者」というエリート予備軍としてのプライドを持っていたからであった。「自分の目的を達成したというのがあるから、苦しかった、きつかったというのはないですね。『憧れの学校』でしたから」[57]と、将校生徒としての誇りや自負が、規則や生活への積極的な同調を生みだしていたのである。

忙しい生活も厳しい訓練も私的制裁もすべてが、「国軍の楨幹」として名誉と特権を持つエリートになるための試練であると、彼らは納得して受けいれていた。それゆえ、一部の例外を除けば、ほとんどの生徒はそれを不満に思わなかった。彼らはエリートの地位と引きかえに、喜んで自分たちを「望ましい将校像」という狭い枠にはめこんでいったのである。

いた。

5 陸幼と陸士

ここまでは、もっぱら陸幼の自治のみについて論じてきた。陸士予科・本科についても、簡単に触れておくことにしよう。それはカリキュラムこそ違っていたものの、陸士予科・本科は陸幼とよく似た自治組織を持っていたし、生徒の日常生活の仕方も非常によく似ていた。

たとえば、一九二〇年代の陸士予科・本科では、自治の単位は陸幼における語学班とは違い、「区隊」という名称になり、陸幼の「生徒監」は陸士予科・本科では「区隊長」と呼ばれた。しかし、「勤務服行ノ要諦ヲ経験シ責任ヲ重ンスル習慣ヲ養成シ諸規定ノ実践ヲ促シ内務ノ施行ヲ便ナラシムル為メ」、半週（のち一週間）ごとに全員が交代で勤務生徒になり、生徒の取り締まりに当たったり、命令の伝達や備品の管理などを受け持った点は陸幼と同じであった。また、予科には、陸幼と同じく、上級生（二年生）の中から模範生徒が選ばれて、下級生（一年生）と起居を共にするという制度が作られていた。

日常の生活の仕方についても、予科は陸幼とほぼ同じやり方が決められていて、その意味で、陸幼出身者は、すでに身に付けている仕方で生活すればよかった。中学校から陸士予科に入校したある生徒は次のように回想している。

私らの入った時には、とにかく最初に幼年学校出の生徒がいて兄貴分のような顔をして、洋服の着方から、兵器の手入とかいろいろな日常のしつけを教えてくれたわけです。それで最初はこちらは中学校を卒業していますから、内心には、あいつらは生意気だ。馬鹿に威張っているな、という気持と、またその反面非常に何だかキビキビしている。やはり自分等もああいうようにならなければいけないと思い、又教官からもいわれました。[58]

一九二一（大正一〇）年の予科の生徒心得を陸幼のそれと比較してみても、さしたる違いは見られない。ただし、違いがまったくなかったわけではない。一つ明らかなのは、懲戒についての規定に差があったことで、予科以上は陸軍刑法および陸軍懲罰令に基づいて、営倉入りなどの処罰が生徒に適用された。また、予科の方が陸幼よりも、また本科の方が予科よりも、教官による暴力が多かったし、訓練での鍛え方も厳しくなった。[59]

また、一九二一年頃から数年間は校内生活が以前より自由化されたという点でも、陸士は陸幼と同じであった。わずか一週間であったが、校内での喫煙が許されたり、三大節など特定の休日には、外出時間が日夕点呼時限まで延長されたりした。[60]

あるいは、「あまりガリ勉やるとか自分本位のやつがおったら、ゲンコツをくらわしておった。みんなで話をして、夜呼びだして決闘もやった[61]」というふうに、生徒間の制裁も陸幼同様に盛んに行なわれた。また、「我等ハ予科生徒トシテ上級ニ在リ、常ニ指導的地位ニ立テルコトヲ忘ルベカラズ。即チ我等ノ後ニハ三百数十名ノ後輩ガ、我等ノ一挙手一投足ニモ注目シ居ルナリ。此ニ於テ我等ハ宜シク上級生タルノ名誉ヲ思フト同時ニ、責任モ亦大ナルモノアルコトヲ自覚スベシ」[62]とか、「我等ハ二年生トシテ新入生ノ指導校風ノ振興ヲ念トセザルベカラズ。上級生ハ懇切ニ下級生ヲ誘掖シ、真ノ兄貴同様ノ感ヲ下級生ニ抱カシムルコト肝要ナリ」[63]というように、上級生が下級生の模範として校風維持の責任を持つという自覚も明確であった。

結局のところ、教育目的や方針（第Ⅱ部第一章参照）だけでなく、生徒の「自治」組織や生徒文化のレベルでも、陸士と陸幼はきわめて共通点が多かったわけである。

第四節　小　括

昭和初年までの陸士・陸幼教育の訓育においては、強圧的あるいは暴力的に、イデオロギーの教え込みをしていたわけではなかった。学校側は「将校生徒としての自覚を持て」といいさえすればよかった。将校生徒たちは、一つには、「天皇への距離」の近さに感激し、自分たちの地位や名誉、それに付随する責任を自覚して、国や天皇への献身を誓っていった。もう一つには、生徒自身が「自治」を通して、お互いを監視・叱咤し、自分たちを「望ましい将校像」という狭い枠にはめこんでいった。それらを媒介していたのは、

「自分たちは選ばれた者である」というエリート意識であった。それが媒介となって、彼らはさまざまな機会の中で天皇制イデオロギーを自らの世界観としていったのである。

そのことは、見方をかえれば、次の二つのことを意味している。一つには、彼らが経験したイデオロギーの内面化は、決して水が吸取紙に染み込むような自動的なものではなく、そこには主体的な契機が存在していたということである。ここで見てきた契機は彼らのエリート意識であったわけである。

もう一つには、エリート意識がイデオロギーの内面化過程に介在しているかぎり、イデオロギーの内面化は、彼らの私的な願望や欲求を消し去って、代償を考えないような「無私の献身」で彼らの心を塗りつぶしたのではなかったということである。代償なき献身ではなかった。代償はあったのだ——エリートの地位という。厳密にいえば、将校生徒は「エリート予備軍」であった。彼らは与えられたものを受け入れ、秩序に積極的に同調することで、本物のエリートに生まれ変わることができるのである。努力すればするほど、苦労や苦痛に耐えれば耐えるほど、彼らはエリートの地位に近づくのである。

将校生徒の教育がきわめてエリート主義的であったことについては、従来もさまざまな論者によって指摘されてきた。そしてそれは、しばしば、将校の鼻もちならない独善性や下位者に対する容赦ない態度などを説明する要因と見なされてきた。確かにそういう点はあったであろう。しかし、エリート主義的であったこと自体は、将校の人格や品行を下士兵卒や一般国民よりも高く保とうとする意味においても、また、本章で見てきたように、献身イデオロギーを内面化させつつ、「約束された輝かしい未来」に向けて、彼らの自発的な努力や競争心を引きだそうとする意味においても、有効に機能したということはできるであろう。ただし、その結果として、天皇に対して忠誠を誓いながらも、同時に、エリート意識が強く、名誉心や地位の上下に敏感であるような、そういった陸軍将校が輩出することになったのである。

第四章　将校生徒の意識変容

第一節　将校生徒の本務＝勉強への専心

「将校生徒へのイデオロギーの教え込み」と聞くと、われわれは真っ先に、五・一五事件に参加した士官候補生や、二・二六事件で決起した青年将校を思い浮かべるかもしれない。青年将校運動の参加者たちの思想の在り方は、決して一枚岩的なものでなく、たとえば「改造主義グループ」と「天皇主義」グループとは、世界観や運動の位置づけについて、大きな違いが見られた。[1] しかし、ここではむしろ、政治に関心を持ち、コミットしていったこうした一部の将校生徒と、「その他大勢」である将校生徒との違いを強調しておきたい。言い換えれば、青年将校運動と将校養成教育の間には、大きなギャップがあったということ、陸幼や陸士の教育が天皇への忠誠を教えるものではあっても、それがストレートに、「改造主義グループ」や「天皇主義」グループの青年将校を生んでいったのではないということである。

高橋正衛は、「青年将校運動の指導者は、私の知っている範囲でも、いわゆる〝軍人〟という気質とはちがう。したがって、幼年学校、陸士の教育からはみだしている。いわば文人的性質の所有者が多い」[2]と述べている。実際、陸士・陸幼生徒の中で、彼らは人数的にも少なく、また、表立って活動することはできなかった。大岸頼好は、自分が国家改造運動にのめり込んでいくプロセスにおいて、陸幼・陸士で教わった価値観との葛藤があったと述べている。「私ガ十七・八歳ノ頃、即チ幼年学校上級生時代ニ受ケタ、社会的ナ問題ニ対スル感ジ（主トシテ米騒動）ガ潜ンデオリマシタガ、其内ニ段々学級ガ進ミマシテ右ノ問題ニ対スル研究的ナ気持ガ、湧イテ来マシタ。其後、陸軍士官学校本科ニ参リマシタ頃カラ、所謂社会運動ガ、漸次盛ンニナツテ参リマシテ、日曜日ニハ、色々本ヲ漁ル様ニナリマシタ。ソシテ幼年学校以来受ケタ、軍人精神、団体観念ト叙上ノ気持トガ、シツクリ行カナイ前ニ、卒業シ見習士官ニナリマシタ」[3]というのである。社会運動への関心と「幼年学校以来受ケタ、軍人精神、団体観念」とは「シツクリ行カナイ」性質のものであったことがわかる。

黒崎貞明は、社会問題に関心を持つことを、区隊長から戒められている。彼は、中学から陸士予科に入った年の夏休みの休暇後、同期の市川芳男に呼びだされて、日本の現状についてどう思うかと、感想を求められた。市川の話に関心をもって、彼と一緒に海軍提督を訪問して話を聞いて回った。しかし、ある日、彼は区隊長に呼ばれて、「現在貴様のなすべきことは、初級指揮官としての学術と心得の鍛練にある筈だ」と、説教されたという。[4]

五・一五事件に士官候補生が一人も参加したことに対し、陸士本科ではすぐに次のような訓示を与え、士官候補生の本務への専心を強調した。[5]

　曩ニ訓育者ニ特ニ注意シテ予メ訓戒怠ラシメサリシニ拘ラス彼等十一名ハ上官ノ訓諭ニ対シ面従腹非（ママ）其ノ本分ヲ忘レ遂ニ斯ノ如キ暴挙ヲ以テ困難ヲ打開スルヲ忠君愛国ト誤認シ妄動スルニ至レルハ固ヨリ軍紀厳粛ナルヘキ軍人トシテ許スヘカラサル所トス諸子ハ此際同僚ヨリ斯ノ如キモノヲ出シタルニ鑑ミ全国ニ其ノ人材ヲ求メタル当校ハ徹底的ニ其ノ啓蒙ニ従フヘシ断シテ他ノ言動ニ動カサレテ己ノ本分ヲ誤ルカ如コト無キヲ要ス

さらに二ヶ月後の、第四四期生卒業式でも、本科生徒隊長が軍人としての本務への専心を強調し、「軽挙妄動」を戒めている。すなわち、まず、

一、勅諭ノ御趣旨ヲ奉体シ軍人ノ本分ニ邁進スルコト

二、統帥権ヲ尊重シ国軍上ノ団結ヲ確保スルコト

三、社会事象ノ認識ヲ正シクシ局部的現象ニ眩惑セラレ又ハ所謂右翼主義者ノ煽動ニ

乗セラレサルコト
四、率先躬行下士官兵ノ儀表トナリ又日進ノ学術ニ遅レサルコト
五、健康ノ増進ニ努ムヘキコト

といった内容を、卒業生に注意することとして列挙し、「之ヲ要スルニ今ヤ内外多事ニシテ国軍カ諸子ノ卒業帰隊ヲ俟ツコト実ニ切ナルモノアリ諸子ハ満蒙ニ於ケル作戦未タ終熄ヲ告ケサルト国内ノ事情トニ鑑ミ決シテ他ノ煽動ニ迷ハサル、コトナク常ニ軍人ノ本分ヲ弁ヘ上ハ聖旨ノ存スル所ニ対ヘ下ハ国民ノ期待ニ背ス苟モ軽挙盲動ヲ戒メ真ニ皇軍ノ中堅タルノ負荷ニ背カサランコトヲ期セヨ」[6]と述べているのである。

同様に、二・二六事件についても、早くも事件当日の午後四時半には、山田乙三校長が職員に訓示を口達し、職員以下一同が軽挙妄動に走らぬよう、注意を与えている。[7]

こうした事例からもわかるように、陸士や陸幼では青年将校運動は危険視されていた。左翼的なものについては「過敏」といえるほど危険視されていたけれども、将校生徒と右翼運動との関わりも、秘密の個人的なものでしかなかった。それは、陸士や陸幼の正規の教育からはみ出した、一部の生徒たちの逸脱文化に属していたといえる。

陸士や陸幼では、何よりも生徒としての本分である学術の習得に励むよう指導していた。実際、多方面にわたる普通学・軍事学を短期間で詰め込むうえ、試験も一字一句にこだわ

るような評価法が行なわれていたので、また、卒業席次がその後のキャリアに大きく影響することは生徒自身も知っていたので、多くの生徒は勉強に時間を費やさざるをえなかった。[8] いくつか当時の生徒の回想談を挙げておこう。

卒業成績によって優劣が決まり、任官してから進級もその順序によるわけで、最終の学校の成績が一番影響するのです。だから或る程度まで成績をよくしなければならぬということを考えるわけです。ところがそれをハッキリいうと、そういうことに拘っているとさげすまれるわけです。出世しようとか、いい成績を取ろうとか、そこに二つの矛盾したものを巧みに総合するところにむつかしいところがある。だからひとに余り勉強しておると思われないようにして勉強しなければならぬ。そこがむつかしい。[9]

お互いに点取り競争というものは、それは言わば点取り競争になるかも知れませんが、点取り競争らしいことをやると、友達から排斥されるのがこわいですからね。[10]

私ら中学校から入った時は、とにかく勉強なんかするのは、不忠者だといわれるわけなんです。そうして試験でもあって私ら一生懸命勉強しておると、幼年学校（出身）の生徒に気合をかけられる。ところが彼らは、一生懸命こっそりとちゃんと勉強しておるというわけなんです。日曜外出なんかしないで、生徒舎に残って勉強すると、人気がなくなるものですから、みんな休日は外出して遊んで来るんだといいながら家へいってこっそり勉強しておる。[11]

このように、立身出世意識をむきだしにしたり、ガリ勉をしたりすることは、仲間内での評判を落とすことになったので、外見上は勉強にこだわらない顔をしながら、実際には競争意識に駆り立てられて寸暇を措しんで勉強する――それが多くの将校生徒の姿であった。教育する側も生徒自身も、日々の勉強や訓練に精を出すことを「将校生徒の本分」とみなしていた。確かに、国を憂い悲憤慷慨する生徒もいないではなかったが、彼らは例外的な存在であった。

多くの生徒は何を考えていたか――戦後、ある陸幼卒業生が、現代の青少年のアパシーを憤って書いた文章の中に、いみじくもそれが率直に表明されている。「近頃の青少年は、ビジョンがないように見受けられる。何だか刹那主義や、諦めに似た人生を、漫然と過しているような青少年を多く見受けることは、真に嘆かわしい。私達の仙幼校（仙台陸軍幼年学校）生活には素晴らしいビジョンがあった。それは単なる夢ではなく、実現可能性のある理想であった。末は大臣か大将になるのだと考えたものだ。しかもこれは努力次第で可能であったのだ」[12]。

第二節　ある生徒の日記から

本節では、一九二四（大正一三）年四月に東京陸軍幼年学校へ入校し、五〇名中一番の成績で卒業した、杉坂共之の日記をたどることで、三年間の陸幼教育の間に彼がどう変わっていったのかを検討する[13]。この日記が特に史料的に価値があると思われるのは、生徒監などの検閲を経ない、まったくプライベートな日記であるということである。その意味で、人に読まれることを想定して書いたのではない率直な叙述が、意識の変化をはっきりと示してくれている。

日記を検討する前に、杉坂の経歴についてふれておく。彼は一九〇九（明治四二）年四月に生まれた。東京府立四中から東京陸幼に入り、一九三一（昭和六）年陸士卒業後、近衛歩兵第一連隊の少尉として任官、三四年中尉、三七年大尉、四一年八月少佐に進級。その間陸士本科生徒隊附、近衛歩兵第一連隊の中隊長、教育総監部附、ついで歩兵第三四連隊中隊長を歴任し、第一五支那派遣軍参謀部附となる。四一年一二月、太平洋戦争開戦直前、命令書伝達のため、飛行機で香港へ向かう途中で戦死した。死後中佐に昇進した[14]。

彼の日記は一九二四（大正一三）年四月一日、入校式の日からはじまる（読みやすいように句点は広田が入れ、明らかな誤字のいくつかは訂正した。級友の人々は匿名にした。

なお、「……」はすべて広田による省略である）。

今日は幼年学校に入学の日なり。原田氏、母、兄妹に送られ、父と共に学校に向へり。七時四十分校門につく。生徒に指図され、取継に入校命令書を渡す。傍らに待つ。午前八時各取締生徒にともなはれ最後の校舎に行き、体格格査を行ふ。上級生にみちびかれシャツ、ヅボン、服、帽子、靴、靴下、スリッパ等にはきかへ第二生徒校舎に案内せらる。第四自習室に入る。父在り。机上に教程在り。抽中には石鹼、タオル、鼻紙、筆入、コップ、箸、手簿、定規、手袋、切手、封投（ママ）、葉書、巻紙などの設備そなはれり。第一講堂に集合し教官殿の訓示ありて後竹田宮恒徳王（北白宮永久王）山階宮茂麿王殿下及び李公子の御三方に拝謁を賜へり。……宣誓式ありたり、各氏名を書き捺印す。上級生にみちびかれ階上の寝室に行き床のひき方及びたゝみ方を習へり。入浴す。午後九時就床す。各自話をなして笑ひ合ふ。よくねつかれず。

あわただしさと緊張の初日に続いて、敬礼の練習（四月二日、四日、七日）、服装検査（四月三日、六日）、とまず幼年学校生徒としての身なりや作法の仕方が教えられる（学科の開始は四月四日）。「外出をゆるさる。大喜びにて自宅に行く途中巡査のなりそこないなぞと言はる。人々ふりかへり見るがはずかしくほこらしき妙な気持ちなり」（四月三日神武天皇祭）と軍服姿で初めて街を歩いたときの感想があるように、将校生徒であるということは、彼に誇らしい気持ちを与えた。

入校後しばらくの間は、その日にあった学科と生活の記述に終始している。「漢文正手簿の書き方を習ふ。生理自習。作文の時間、口語文を文語体に直す。術科体操ありたり。乗馬戦をなせり。柔道場に集まり帽の悪きを取かへたり。体操袴、体操衣を渡されたり。集会所に行けり。須藤先生より手紙来れり」（四月一一日）といった毎日であった。初めて親のもとを離れての寄宿生活や、学科や学校の慣行に早く慣れようという気持ちが、文面からうかがわれる。

まだ一四歳の少年にとって、家族に会え、同時に食べたいものをお腹いっぱい食べられる日でもある、日曜日は待ち遠しい日であった。「日曜と言ふに朝より雨降り出しぬ。マント着し家に帰し祖母の家に行き……色々なものを食べ口から出そうになったり」（四月一三日）とか、「帰宅し汁粉を五杯食す。写真をとれり。……国友氏の家へ行けり。寿司を食す。快談小時にて辞す」（四月二〇日）というような日曜日の過ごし方をしている。

最初の頃は、「作文前題の清書を返せり。奇妙ななほし方なり」（五月九日）と、教官の添削の仕方を奇妙に感じることもあったが、その後は、添削のされ方についての感想は出てこず、「作文を反（ママ）へさる。また乙なり。非常に憤慨せり」（一二月二二日）「作文三つともに◎なりき」（一九二六年五月一七日）というふうに、評価についての記述があるだけとなった。

五月二四日、斎藤七五郎海軍中将が来校し、艦隊司令官として南洋諸国をまわった時の事や、ルーズベルト大統領について講演した。「又、――将軍（ルーズベルト）の非常に負ぎらひなりし事を話し諸君が――将軍の如き人物とならんヿ(コト)を非常に望むとむすばれたり。我等は益々学をはげみ、以て一世の大英雄とならんことを期す」と斎藤中尉の講演に触発されて、彼は、「英雄」を目指して一層努力することを日記で誓った。

彼の日常には、喧嘩や上級生による制裁もあった。

昨夜SとKが三年生に呼ばれ、訓誡せられた。今日聞くに大勢呼ばれなぐられたりと。之は陀美大尉殿の発言によるとのうわさなり。……今夜も二年生が大勢呼ばれた。Yが呼ばれた。

（九月三日）

YはOさんに浴場にて「今日は第一生徒舎であるのですか」と聞いたる為生意気なりとて一五六挙なぐられ今朝は顔だいぶはれ居たり。二年生中にはだいぶ鼻血等出せる者も二三ありたりと言ふ。

（九月四日）

陸幼では、教官や、生徒監がビンタを食らわすことはほとんどなかった。また、罰にしても当時は営倉などはなくなっており、日曜日の外出止めが最高の刑罰であった。むしろこの例のように、「態度が大きい」「生意気だ」といった理由で、上級生が下級生を呼び出して殴るといったことが多かったようである。とはいえ、杉坂はそうしたことに巻き込まれることは少なかった。

九月二一日。彼はちょっとした不注意から父と母に心配をかける。日曜外出のとき雨具を持って出なかったため、訪問する予定になっていた所へ行かなかったという、ごく些細なことなのだが、奮然として彼は決意する。

自分の心掛と注意が行きとゞかなかった為めに父母に迄心配をかけ実にすまないと悔いた。自分はこれから奮闘する。今日を忘れずに身を粉にくだいても立派な者になると決心した。男の決心は堅くなくてはならない。自分が成人して此の日記を見て微笑おもらす(ママ)時が必ずあるであらうと期待する。大変今日は心をいためた。自分は今、野にはなたれたのだ。今より羽をのばして大空と戦うのだ。（九月二一日）

若干意味が不明で、彼の心の中でどういう動きがあったのかわからないが、ともかく、彼は一生懸命勉強や運動に励んでゆく。「努力は最後の勝利なり、学は心を練り、運動は体を練る」（一一月九日）というような感想がこの後しばしば見られる。そういう自分の姿をふりかえって「次第に自分は真面目になってきた様に考へられる。今後は益々足りなさををぎなひ(ママ)奮闘せん事を誓」っている（一二月一三日）。

一二月一四日は義士会の日である。朝集合して泉岳寺に詣でたあと帰校し、午後は談話会である。開会の辞に続いて「元禄の義挙を顧ふ」「大石主税の覚悟」「内蔵助の為人」「武士道と赤穂義士」「古と今」といった題で生徒自身が講演を行なった。そのあとの三浦楽堂による講談は杉坂少年を感動させた。

> 講談は、高野の義人、最新兵営義談（大和魂）なり、感激措く能はず。本部長閣下にも涙数行下だり涕涙にむせられたり。我誓ひぬ。今日を限りに心を正しく行を謹まん事を。過言せざるヿ、いらざるヿ言はざること、物事にはげむヿ。
>
> （一二月一四日）

このように、杉坂少年は、一方で家族に対する気持ちから、他方で義士の生き方に感動する気持ちから、「努力」を誓うのだが、しばらく後に彼はそのあたりの自分の考えを次のように書いている。

> 自分は父母の喜悦を見ては何事も辞せられないであらう。あゝ其の海山の如き御恩

を思つたならたとへ水火の中も辞せぬであらう。それには出世が第一であらう。たとへ身は粉になるとも前途には赫々たる光明がある。併し光明は遠い。努力少しもたゆむな。

（一九二五年二月二二日）

親に孝行するために出世しなければならない、そのためには努力がいる、ということである。次のような歌も作っている。「父母に何をもちてかむくひざらまし。きもふとく智勇すぐれし壮士をみやげにせんと我は励めり」（九月七日）。立身出世の動機の一つが家族に源を持つ、ということにわれわれは注意しなければならない。また、夏休みの間に校庭にのびた草刈りの合間に同級生に次のように自分の人生観を披瀝している。

芝生にて談話をなせり。Mに予の人生観の一端を語れり。予等の生存は即ち無意義なり。即ち地球は一個の塵箱にすぎず、人間はこれにわけるうじにことならず。即ち地球の滅亡、人類の死滅は必ずあり得べき事にして、然るときは総ての名誉も恥辱も広大なる地球、世界と共に永遠に没し去らるゝなり。かかるはかなき無意味なる我等は何故にかくしゝ（孜々）として働けるや。即ちたゞ先祖に見ならひ大勢におされ習慣的に名誉を重ずると共に一身及び一族の安楽をはからんが為ならずや。且我等の両親は我等の出生すると共に、いなその以前より非常の心配にて育てられしかも其尊き生命をも投げられて育くめるならずや。然れば我等は即ちその親に対し全力をつくし孝養をつくさゞるべからず。即ち立身出世を望むは其第一なり、又主君の恩を報ぜん〻其第二なり。而して老ひ即ち我最愛する子孫の健全なるを見て浮世の義務をはたせる満足なる心のうちに一場の幕をとづるなり。これによるに我等の目的はひたすら立身出世によりて遂げられ、かつ四方の人々を愛して満足に面白く、世を過ごすが第一等なる経世術なり。つとめよ、〱、楽は苦のたね、苦は楽のたね。（九月一一日）

ここに、彼の人生観がはっきりとあらわれている。彼はまず世の中一切が無であるという、仏教的諦観に近い世界認識から出発する。そうした世の中で人間が存在し、あくせく働くのは、名誉を重んじるとともに自分（一身）と家族（一族）が、安楽に生きるためであり、また、両親は自分を育ててくれたのだから孝行せねばならない。そのためには立身出世をするのが目標になる。その実現のためには努力や修養が必要であるというのである。ここに、われわれは立身出世の欲求が、己を捨てて努力するという「修養」、すなわち軍人精神の鍛練と矛盾なく接合しているのを見出すことができる。

また、立身出世が、父母への孝行として観念されていることは、強固な「家」意識――孝行を最上の価値とするような――が、立身出世の欲求を生み出し、禁欲や勤勉（杉坂は「努力」「修養」「克己」「再生」をたびたび日記に記している）という倫理につながっていたことを示している。いわば、家族主義が個人の立身出世のための促進要因として機能しているのである。

杉坂は、立身出世が第一、「主君の恩を報ぜんコ」が第二であると述べている。これは、二つが対立するならば主君への忠誠は立身出世の下位に価値づけられていると考えられているともとらえうるが、むしろ、二つは対立しないものとして、主君への忠誠も大事だ、と考えていたととらえる方がよいように思われる。ただし、この頃（第二学年の半ば）はまだ、天皇への忠誠が自分の中で充分論理づけられ信念化されていなかったことは、上掲の部分で、「主君の恩」が脈絡もなく登場することや、この時期の日記には天皇への忠誠心に関する記述がほとんどないことからうかがわれる。

年が改まって、一九二六（大正一五）年がやってきた。彼は市ヶ谷の自宅で一層決意を新たにして努力を誓う。

六時起床す。昨日一時頃就寝の為甚だしくねむし。入浴す。外に出づれば空に一点の雲もなく寒月明鏡の如く中天にかがやく。銀星らは寒げにまたゝき下界は薄もやにつゝまれ眠れるが如し……予は一八才の春を迎えたるなり（数え年齢である）。一八、一八、一八の一歳の最有為に終らんコを祈り誓ふ。午前十時より学校に式有りたり。式後M外五名と共に北白川宮邸に参賀せり。殿下（同級生）と共に馬に乗れり。一八の元旦、殿下に口縄をとられ初乗馬す。……御菓子をいたゞきて午後四時Mと共に帰す。夜兄とピンポンをなせり。本年の奮闘を誓ふ。（一九二六年一月一日）

杉坂少年にとっては、皇室への忠誠は「第二」ではあったが、それ自体「ホンネ」であった。一月三日、代々木練兵場で観兵式があった。皇太子の閲兵服姿を彼は感激をもって次のように記している。

やがて御閲兵は始まりぬ。たてがみ振ひて天空高くいたゞく春駒ひづめの音も高く我等が宮殿下は英姿さつそうとして過ぎ給ふ。諸兵のかざす刀の影日に照り映えて光り輝く。おお何たる男性的快味ぞ。身若輩にして摂政殿下に咫尺し奉り得るの栄何物にかたとへん……（一月三日）

このように、観兵式で間近に皇太子を見ることができる光栄に感激したり、「午後三時半より戸山学校にて角力の稽古を全学年にてなせり。殿下の御相手をなせり。軍人、幼年生徒ならではの光栄なり。非常に面白かりき」（五月一七日）というふうに、北白川宮と同級生であることを誇りと感じていた。また、皇室への崇敬心が確固としたものになったという意味で、そして子供から青年へと移っていく脱皮という意味で、一九二六年という一年間は彼にとって重要な年となった（後述）。

彼はますます修養に励んでいく。橋本左内の一五歳の時の著『啓発録』についての講話を聞いて、朝直ちに起きることを心掛けたり（一月一三日）、朝早く剣道場で練習したりした。橋本左内に関する講話は、かなり彼に影響を与えたようで、翌日の日記にも「今日は何となく心軽やかなり。昨日の主事殿の御講話の因をなせるらん。常に注意せよ」と登場してくるし、一八日に『啓発録』が印刷、配付されると、次のような感想を述べている。「一読す。感服す。彼は十有五才にしてこの気概あり。予既に一八、小児の域を脱す。何ぞ粉骨砕身有為の人物となるべく努力せざる。汗顔の至りに堪えず、本日より左小指にこよりを結び以て自らのいましめとなす」（一月一八日）。そして、「六時前起床。剣道に行けり。Kとなす。身に武士的精神入らず。心にとげあるが如くにて自ら修養の足らざるを悲しむ」（二月一一日）と武士的精神を自ら修養によって鍛えようと努力していった。

彼は三年生になると舎長になった。「下級生には親切であらねばならない。総てのことに対して或は自分の誠が足りないのではないかと云ふヿを考へ、衆に先んじて身を以てこれを行はなければならない」という校長の訓示を聞いて、彼は日記に「誠心」と大きく書きつけた。「自分の今舎長になったのは、よき幸である。此四ケ月間身をすて丶舎長の任をつくさねばならない」（四月一〇日）。彼は思慮深く、またストイックであった。「弱者は自己の頭をおさゆる者の失せたる時強者ぶるものなり。今は思想の変化期なればよく心して正しき道を踏み行ふ〻に注意すべきなり。日記の空白は其人の心の空白を物語るものなり」（四月一二日）。

と同時に、彼にも悩み多き青春期が訪れていた。『少年倶楽部』から『キング』に愛読誌が変わった。飛んだり跳ねたりする子供時代から、じっと感傷にひたる青年へと精神が変化していた。次のような叙情的な文章がたびたび現れるようになった。

校庭の隅の朴の木の芽が毛の様な形にふくらんだ。くはの芽もふとつた。白い雲がゆるやかに動いてゐる。枯葉をとつてふりまはした。空気が軽くなる。深呼吸をやった。点呼の喇叭がなつたので舎内に向かつて歩るいた。（四月一一日）

そうした中、彼はある同級生を好きになった。男ばかりの幼年学校では別に珍しいことではなかった。ある日の日記をそのまま再録する。この頃の日記では「彼」と書かれている。

空はよく晴れてゐた。蔭になっている芝生の上に霜が白く光ってゐる。今朝は手が大分つめたかった。風が割合強く而も冷たい風だ。昼休みに竹刀を交換に行った。全部新品になって気持ちがよい。入浴後、川の方へ号令調声に行った。彼とYが荒けづりのベンチにまたがつて話をして居た。薄黒い夕暮の雲が足早やに飛び去つて行く。空には星がかすかに見とめられる程くらくなって来た。水の流れと音がかすかに響いてくる。枯れたよしの茎をとつて冷やゝかな空気を満腔にすいこんで号令をかけた。木々の影が次第に黒くなってくる。彼等の影もきえた。生徒舎の電燈の光が黄色に輝き始めた。自習室に入って、勉強にとりかかった。（四月一三日）

次の日明治神宮に全校で参拝して解散した後、彼は二鉢の赤いチューリップを買ってきて、机の上に飾った。一つは自分のため、もう一つは「彼」のためであった。そして杉坂はまもなく一七歳（満年齢）になった。

とはいえ、彼は将校の卵であり、学校は軍人養成の学校である。日記には揺れ動く青春の感傷ばかりが書いてあるわけではない。千代ヶ崎砲台を見学に行き日露戦争への思いをはせ（七月二七日）、軍事講話を聞いて国防に考えをめぐらせた（七月二八日）。航空機の欧米諸国における軍備状態と国民の覚悟を、日本のそれと比較した講話を聞いて、日記には次のように記している。

我国には地下室がない木造建築なり。しかも敵国より飛行隊を編成して攻撃し来たらば防禦距離があまりに短かい。……我重要地点は皆海岸近傍である。しかも国産財産情態は貧弱である。国民性は熱し易くさめ易く狂的である。持久力にとぼしい。独国の洗濯婆はとう〳〵二時間にわたり砲兵陣地に関する気焔を上げた。これに対して我国情は如何。この情態に直面し真に国民を善導して万世一系の皇国を常磐堅盤に守るべき任務は我等が双肩にあるのだ。

（七月二八日）

たぶん、この記述のかなりの部分は、昼間講話の中で話されたことをそのまま反復したにすぎないのであろうが、「真に国民を善導して万世一系の皇国を……守る」ことが自分たち軍人の責任であると書いている。

入校後三回目の乃木祭の時、彼は講演の内容を書いた日記の欄外に、「俺は今日以後生まれかはる。今迄の俺ではない。乃木将軍の魂を受けた俺でなければならない」と記した（九月一三日）。彼の目標は依然として英雄であった。「俺は英雄になるぞ、偉人になるぞ。しつかりやれ、苦しいのだぞ、よいか」（九月一三日）。英雄になる為に刻苦勉励するのである。九月二七日に彼ら幼年生徒は西郷南洲遺墨展を見学にいき、彼は「……筆勢雄渾維新の生める世界的英雄の面影目前に躍如たり、この意気ありてこそ」と述べている。同じ日の日記の欄外には「赤子」とある。乃木や西郷は彼の目標たる英雄である。「英雄」になりたいと努力することと、天皇の「赤子」たることは彼の中でまったく矛盾していなかった。献身と自己実現は矛盾しないのである。

生徒監に成績がよいので一層努力しろと励まされて（一一月一三日）、「真面目なれ、努力せよ、休むときはずっと後だ。命のあるだけ努力せよ。あとは思ふさま休めるではないか。努力、正義、慈愛、元気、忘れてはならない、常に」（一一月一八日）と決意を新たに頑張っていた。

大正天皇の病気が報ぜられると彼は、安否を気づかって毎日のように日記にそれを書くようになった。

聖上御病篤つし。たゞ憂慮の外なき。（一二月一七日）

……風寒けれど日輝きなれば建物によりて日向ぼっこをなせり。暫くして内に入り読書せり。雲次第に繁く暗雲低迷朔風荒び天聖上の御病をなげくか。……夕食後新聞を読みに行けり。聖上陛下の御病状遂(ママ)一紙面を埋み、言々悲痛、胸をつく。昨夜十時、御熱三十八度五分、御脈百二十八、御呼吸三十二、御容体刻々危機に瀕せられ、世を挙げて憂ひの雲に閉さる。嗚呼何たる御不幸ぞ。月さやかなれども憂の雲深し。（一二月一八日）

聖上陛下御小康を得させ給ふ。以て少こしく愁眉をひらく。（一二月二〇日）

聖上陛下には次第に御良好にわたらせ給ふよし拝聞し奉り欣喜の他なし。一日も早く再び天日の光かゞやき増さんことを祈り奉る。（一二月二三日）

陛下御重態。御呼吸六十、心痛の至り。
（一二月二四日）

そして一二月二五日天皇が死んだことが報ぜられた。

聖上陛下本日午前一時廿五分崩御との悲報に撃破られぬ。室内悲嘆の声湧く。時に午前四時夜の帳未だ深くとざせり。直に床を離れ洗顔、口を清め運動場に出で葉山の方に向ひて遥拝しぬ。頭を垂れしまゝ上げ得ず。涙潸々としてほゝを流れぬ。
（一二月二五日）

長々と引用してきたが、彼が皇室を尊崇する気持ちにうそいつわりがないことが理解できよう。天皇は（少なくともこの時点の彼に関しては）、立身出世の「道具」として考えられていたのでもないし、集団内の相互監視によって、尊崇する「ふりをする」対象でもなかった。すなわち、彼の皇室を尊び敬う心は「ホンネ」であった。まさに天皇の「赤子」だったのである。

教育する側すなわち生徒監の目には、彼の姿はどう映っていたのだろうか。一学年のおわりに彼は生徒監に次のように言われている。

非常に剛勇な精神あれども少しく剛情なり。自分にてもさう思はずや。物をなげッぱなしのくせあり。……少し気に入らざるヿあり。活動(活動写真)に度々行くからなり。同期生間には人望があり。学業は非常に好成績なり。然れども語学及び作文悪し。然れどもそれも他生に較ぶれば普通なり。益々励み第二学年になりても現今と変らぬ様に。いたづらをしてはならんぞ。

(一九二五年、三月一五日)

彼は確かに正義感のつよい、責任感のある、そして成績のよい「模範的な」生徒であった。彼の正義感は時には生徒の反発を買った。そういう時は、憤って日記のペンをとった。

昨夜の集会所に於ける言葉身にしみて不快なり。彼等何の輩ぞ。校規を無視せる不規律なる自己の生活を顧みずして人をけなしねたむの甚だしき。唯我等は自己の責務を守り一人にても国家に有為なる人物を増さんことを願ふのみ。唯一死あるのみ。死して皇国にむくゆるのみ。……しかる時にこそ彼等大いなる眼をむきて我を見よ。我を見よ。

(一九二七年、一一月六日)

次第に卒業が近づいてくる。彼はこの一年間に精神的に大きく成長した。天皇陛下の赤子として死ぬ覚悟もでてきた。青年らしい繊細な感受性にも目覚めた。と同時に「英雄になる」ということは心の底にたぎる野心であり続けた。誠心誠意国に奉公することは同時に「蓋世の英雄となる事」でもあった。

作文では先日書いた「寒夜の自習」「起床より始業迄」をかへされた。予の書いた「寒夜の自習」が読まれた。悪るい気持ちではない。しかし余り大きな事を書いて気はづかしいような感もする。併し当然の事を書いた迄だ。益々励んであの作文に恥じない様な人物にならなければならぬ。腹の底に沸く、胸に踊る、この赤い血潮の活動を外面に表らはして蓋世の英雄となる事を期しなければならぬ。ただ期しただけでは何もならぬ。ただ実行あるのみだ。「棒ほど願って針ほどかなふ」の云葉(ママ)を忘れてはならぬ。これは誠が足りないからだ。若いのだ。男だ。大和男子だ。軍人だ。この心を忘れてはならない。

（二月二一日）

三月四日、自習時間に彼は生徒監に呼びだされた。生徒監室で彼が一番の成績であることが申し渡された。「嗚呼、光栄の至り哉。余りの嬉しさに言葉もなし」と書かれたその日の日記は次の言葉で締めくくられている。「心に誓へ。兜の緒をしめよ」（三月四日）。彼は勝ったのである。同級生に、そして彼自身に。「英雄」になるための努力の結実であった。卒業を目前にして彼は日記の欄外に「油断大敵」と記した（三月一七日）。

これまで見てきたように、杉坂は二年生の九月の時、友人に「孝行の第一が立身出世である」という自分の考えを述べている。その後の日記を読んでみて、彼の立身出世の考え方が修正されたというふうな記述は見あたらない。と同時に二年生の三学期ごろから、皇室や国への献身、武士道精神に関する記述が増加してくる。「努力」とか「克己」といった言葉は三年間を通してでてくるが、特に三年生に入ると、「修養」「精神」といった内省的な言葉が目につく。ちなみに、日記の欄外に書きつけた主な言葉を列挙すると、表4・1のようになる（その日の社会での事件や事務的な事項、あるいは短歌、狂歌等なかなか風趣に富んだ書きつけもあるが、それらは省略した）。一、二年次の書きつけが少ないので三年間の変化については明らかではないが、彼の精神的な成長をうかがうことができよう。

ともあれ、彼の日記からとらえられる最重要点は、報国献身の教育は立身出世の野心を冷却するものでもないし、両者は矛盾するものでもない、ということである。報国献身のために自分を鍛え、「修養」するほど、「最後の勝利」「蓋世の英雄」に近づくのであり、それは同時に最大の恩を受けた両親に対する「孝行」の道でもあった。献身は自己の無化ではなく聖化であり、自己実現なのだ。

一年の時、彼はそうした努力の目標を首席で卒業することに置いた。「如何なる困難もはいし首席にて当校を卒業せん。諸人にはかん忍親切をむねとすべし」（一年生の二月一日）。彼を努力に駆り立てたのは個人的なもの（孝行のための立身出世）であった。その努力の方向は、己れを捨て、皇室や、集団に自発的に奉仕する人格を形成し、しっかり勉強して奉仕能力を高めることにあった。つまり自分のために「他人のために努力する」ことを学んでいたのである。「他人のために努力する」ことは軍人として軍人集団として必要な資質である。しかもそれは自発的な献身を要求する。しかし、その努力は結局自分の

表4・1　杉坂共之の日記欄外書きつけ

	〔1年生〕
4.11	革新
	〔2年生〕
4. 6	口は過の門
4.24	再生、努力、克己
9.18	永久
9.20	議論を止めよ。温順
1. 2	心は寛大に。業は熱心に
1.18	努力
	〔3年生〕
4.10	誠心
4.15	柔よく剛を制す
4.18	士魂
5.14	油断大敵
7.28	平和は軍の充じつにあり。徒らに憤慨すな。深く考えよ
8.17	克己
8.18	確固たる信念
8.19	人格の向上
9. 9	男、奮闘を誓ふ
9.13	俺は今日以後生れかはる、今迄の俺ではない。乃木将軍の魂を受けた俺でなければならない
9.21	武士ぢゃ、男ぢゃ、意気ぢゃ
9.22	正義、修養
9.23	情愛、童心
9.27	赤子
10. 1	努力は最善の方法
10. 2	不屈、不撓
11. 3	報国丹心、捨身行道
11. 6	精神之力
11. 7	猛虎
11.13	正、勇、静、活、力
11.17	勇気、正義、純真
12.24	実行せよ
1.31	努力せよ、真面目であれ
2.20	社交の真髄は敬愛と誠実にあり
3.17	油断大敵

＊詩歌・事務的な内容の書きつけ等は省略してある。

欲求、欲望を満たすものである。集団への献身と欲求が対立した場合は、規範としては集団利害が先行する。たとえば、彼が生徒舎長の後任者にからんで友人の評価をしているところで次のように述べている。

彼は適任と云はれぬ。多少我利的である。誰もがその如く少こし学問の才ある者は多くは我利的である。故に利他即ち侠気等はない。唯々諾々、ただこせ〳〵と学ぶのみである。犠牲的精神にとぼしい。所謂サボである。故に敵はない。併し区隊を立派にして大勢をひきゐては行けぬ。先ず第一秩序が乱れるであらう。意気がすたる。

（一九二六年七月三〇日）

実際、教える側の規範としても、生徒間の規範としても利己的なガリ勉タイプは好ましいものと見なされていなかった。そういう者たちでさえ、おおっぴらにぬけがけは許されなかった。それにもかかわらず「我利的」な者がいたのは、それほど「立身出世」の欲求や競争心が強かったことを示している。それは集団規範と実際の行動とのズレである。その意味で杉坂の場合は、集団規範への同調と個人の欲求の充足が調和した典型的な例である。ある日の日記を引用して彼についてのしめくくりとしよう。

犬奴復た廊下に糞をなす。二度踏む。大いに憤慨す。会話非常にしぼられたり。会話の上手下手は只其の単語を多く覚えたると少くなく覚えたるとの相違のみ。何ぞ頭を要せんや。しかれどもあゝ、今日迄は実に栄冠を心に深く期せしが今日にして既に壊れたり。たゞ学べ、身体を鍛へよ。而して最後の勝利を期し、浅き振舞に及ぶべからず。……教練より帰り来たりたれども廊下の犬糞を掃除せる者なし。我等の生徒舎たるの観念なきや。当番はいかにせしや。予たゞ黙々として掃す。この年に至るまで、犬糞の掃除これが始めてなり。呵々。（一九二七年一月二六日）

露語会話の不調をなげき、トップがとれないのをあせるのも彼であり、人に知られず廊下の犬のフンを片付けるのも彼であった。

第三節　小括

生徒監の検閲を経ない杉坂の日記だけでなく、将校生徒たちは、検閲を受けている日記の中ですら、立身出世や英雄への夢を率直に表明していた。たとえば、大正中期に入校したある生徒は、「四時ヨリ運動アリ戦闘遊戯ヲナス。嗚呼現在希望ニ輝ケル瞳ヲ以テ遊戯シツ、アル我等幾十春秋ノ後、今日ノ遊戯ノ大将タル者ニシテ大将トナリ得ル者幾何カアル。奮闘セザルベケンヤ」と、大将への夢を率直に語っていた。また、彼は、「夕、窮蒼ノ広大ヲ思ハセルガ如ク西空一休梔色ニ映エ渡リ、夕陽赤ク西山ニ没シ何物カヲ我等ニ戒シムルガ如キ感シテ無限ノ感ニ打タレタ。幾十年カ後、身ニ錦ヲ着ケテ此ノ如キ落日ニ対スルヲ得ルヤ否ヤ」とも書いている。[15]沈む夕陽を見ながら、数十年の後に偉くなった自分が、同じように夕陽を眺める姿を想像しているのである。

また、昭和初年に入校した別の生徒は、「嗚呼君恩無窮、コノ一身予ノモノニ非ズ」[16]というような感慨を日記の随所に書き記すような生徒であったが、それでも乃木将軍の墓に参拝した際には、「我ハ英雄豪傑トナラズンバ已マズ」と誓っている。[17]また、東郷元帥伝を読んで「奮ハン哉。努メン哉。……立身ト云ヒ、出世ト云ヒ若シクハ後世ニ芳名ヲ謳ハレント云フモ畢竟スルニ皆枝ノミ、葉ノミ、而シテ結果ノミ」と、努力や奉公の結果としての立身出世や名声の獲得は肯定されている。[18]これは、すでに見た北原大尉の訓話の論理（第二章）と同じである。

なお、彼らの日記を検閲した生徒監は、今挙げた箇所をとがめたりした形跡がなく、その点も、前に生徒の作文に関して見られたこと（第二章）と同様であった。

とはいえ、将校生徒の教育が生徒の意識に与えた影響を考えるためには、在学中の意識の変容を検討することが必要である。そこで、前節では、一人の将校生徒の意識が、陸幼での生活の三年間の間にどのように変容していったのかをたどってみた。その結果、杉坂の場合、彼が入校時からもっていた立身出世欲求は、基本的には継続しつつ、ある意味では変容していったことがわかった。継続という点でいえば、彼の立身出世や英雄になる夢は、常に勉強や修養への努力の源泉であり続けた。天皇制イデオロギーの教え込みを受ける中で、公への無私の献身が彼の私的野心を冷却していったわけではなかったのである。

ところが、陸幼での生活の中で、天皇や皇室への崇敬心や集団への献身意識が確かなものへとなっていったことも明らかである。陸幼の教育では、集団秩序をこわさないよう、集団の利害と矛盾する自己の利害の追求は「利己主義」として排斥される一方、集団の中で認められたルールに従って競争や集団の中で認められた目標に向けての努力・修養は、自他ともに積極的に肯定されていた。それゆえ、反集団的な性格を除去した形での立身出世の追求は、公的に認められた価値への貢献度（天皇＝国への貢献）を最大限にしようとする努力という方向をとっていたのである。献身感情は深まりつつ、それは私的欲求と矛盾しないばかりか、むしろ一致していた。

つまり、陸幼三年間の間に作られたのは、まったく見返りを要求しない「献身」への決意ではなく、天皇や所属集団のための献身を誓いつつ、それが同時に自分の私的欲求充足の手段でもある、というような意識構造であったのである。

第五章　一般兵卒の〈精神教育〉

第一節　はじめに

本章では、昭和初年までの一般の兵卒に対する陸軍の精神教育の在り方について考察する。この第Ⅱ部では前章まで、イデオロギーの教え込みと受容の問題を将校生徒を対象にして考察してきた。しかしながら彼ら将校生徒は、いくつかの点で、戦前期の青少年一般とは異なる特別な存在であったことを忘れてはならない。何よりも、彼らはイデオロギー教育を受容する積極的な動機づけが存在していた。軍隊組織の中で人生の大半を過ごすことになるということ、軍隊秩序や軍隊組織の公的なイデオロギーを支持することが、彼らが将校としてやっていくための基本的な要件であったこと、いずれ自らが兵卒の教育者としてイデオロギー教育の担当者となることなど、将校生徒は一般の兵卒とはまったく異なる状況に置かれていた。また、彼ら将校生徒は学力的にも比較的優秀な層から採用されたから、同世代の多くの者よりは理解力や抽象的な概念操作の能力に富んでいたかもしれない。

軍隊でイデオロギーの教え込みを経験した一般の兵卒たちは、そのような将校生徒とは異なった状況に置かれていた。志願兵や下士官としての処世を最初から望んでいた者は別にして、一般の兵卒のほとんどは、自分の仕事や経歴を中断してやむをえず入営した存在であった。また、二年間（一九二一年までは三年間）の兵役期間を終えれば、退営して軍隊組織から離れることになる（在郷軍人としての召集等はあるが）という意味で、軍隊での生活は彼らの人生のごく一部分にすぎなかった。それゆえ、軍隊教育で教え込まれる内容は、彼らの人生全体にとってさほど重要な意味をもっていなかったとも考えられる。また、学力的にもまちまちであったうえ、入営するまでに社会のさまざまなイデオロギーに触れたり、さまざまな職業や社会階層に属して、思想的にも多様であった。中には反軍的な思想を持っていた者もいたであろうし、ほとんどの者が早く兵営での生活が終了することを願っていたであろう。

要するに、彼ら一般の兵卒は、人生の活動の場が軍隊の外にあり、上等兵への選抜や下士官としての奉職を熱望する者以外には、教育内容を受容しようとする積極的な動機づけがなかったうえ、教養や思想面で将校生徒よりはるかに多種多様な成員からなる集団であった。

本章の問題意識は、果たして将校生徒のように、教育によって与えられるイデオロギーを、彼ら一般兵卒もすんなりと内面化したのだろうかという疑問である。戦前期の軍隊については、徹底した精神教育が行なわれていたと語られることが多い。天皇制イデオロギーが兵卒の内面に無限に浸透したかのように描かれることもある。ところがもう一方で、奇妙なことに、戦前期の軍隊内部の議論では、「精神教育の不振」や「精神教育の不徹底」が繰り返し指摘され、飽くことなく精神教育の方法の「改善」が議論されていた。また、日露戦争後の精神教育の徹底を論じた戦後の研究でも、その実質的な形骸化や、矛盾による自発性喚起の失敗などを指摘するものが見られる。[1]それらは、まるで兵卒の内面の改造に精神教育が無力であったような印象をあたえるほどである。では現実はどうであったのか。

この問題を考察するためには、二つのアプローチが考えられる。一つは、兵卒の手記や日記、兵営体験の回想や現実の行動等を手掛りにして、彼らの内面の動きを再構成してみることである。[2]もう一つのアプローチは、精神教育を実施する側の教育方法に関する論理をたどって、果たして兵卒の内面にどこまで侵入し、どれだけの影響を及ぼしうるような教育方法が実行されていたのかを考察してみることである。本章で採用するのは後者のアプローチである。

軍隊が精神主義的性格を強め、精神教育を非常に重視するようになったのが、日露戦争後であるということは、すでに多くの論者に指摘されてきている。そして、なぜ精神主義的性格が強まり、精神教育が重視されるようになったのかについても、いろんな研究が考察してきている。精神面での教育が強調された理由として早くから指摘されているのは、火力や軍事技術の立ち遅れを補完するためという理由や、密集戦法から散開戦法（さらには疎開戦法）への変化による個々の兵卒の士気や攻撃精神の必要性、壮丁の知識水準の高まりや農民出身者の減少による軍紀の頽廃といったものであり[3]、近年の諸研究ではさらに、在郷軍人の戦闘力の保持[4]や、「日露戦争の際の戦闘行動の拙劣さや攻撃精神の不振からくる兵卒不信」[5]の重要性が指摘されている。

ここでは、なぜ精神教育が強調されたのかについては扱わない。むしろ、どのように強調されたのかに注目する。一般に、積極的・自発的に教育を求めようとしているわけではない場合には、被教育者は教育関係に儀礼的にのみ同調するという行動の選択肢を採用することが可能である。この場合、自己の閉じた内面世界を堅持しがちな被教育者の〈精神〉は、精神に対する教育を無化する自由度を行使しているわけである。それゆえ、教育されるということを積極的・自発的に求めているわけではない者に対する精神教育の効果の程度を問うためには、教育する側が被教育者の〈内面〉にどの程度まで説得力を持った訴えかけができたか、また、どこまで彼らの〈内面〉を把捉する具体的手段が行使されたかが検討されねばならない。個人の精神が持つ自由度に対して、教育する側のとった諸方法はどこまで干渉していきえたのか、逆にいうと、そこで採用された精神教育の諸方法に、教育効果の限界がどの程度つきまとっていたのか、が問題の焦点になるということである。
さて、戦前期軍隊における精神教育の具体的方法について語られたものを見ていくと、主として三つの大きな領域群に分類することができる。一つは、精神訓話を行なったり、軍人勅諭を理解させることなど、軍人精神や国体観念を兵卒に直接的に教え込もうとするものである。第二に、教育者、すなわち将校が自己修養することで、下級者との間にパーソナルな情誼関係を形成していこうというものである。第三に、厳しい教練や内務生活の統制による身体訓練や監視の徹底というものである。今まで述べた視点に依拠しながら、以下の各節ではそれぞれの方法について細かく検討していくことにする。

第二節　徳目から世界観へ

一八八二（明治一五）年一月四日に軍人勅諭が出された。それは、軍人精神がいかなるものかを明示したものとして、以後、兵卒の精神教育のための聖典となったことはよく知られている。

しかし、一八八七（明治二〇）年に歩兵第一五連隊で編纂された兵卒教育用の冊子を手にとってみると、やや意外な感じを受ける。[6]「読法、勅諭、兵種、階級、編制、軍管、尊称、勲章、……」と続いていく内容の中で、勅諭（軍人勅諭）の章を見ると、あの「我国の軍隊は世々天皇の統率し給ふ所にそある昔神武天皇躬つから大伴物部の兵ともを率ゐ……」という歴史記述に関する勅諭の前段部分が省略され、いきなり、「一　軍人ハ忠節を尽すを本分とすべし」から始まっているからである。「我国の軍隊は世々天皇の統率し給ふ所にぞある」とか「朕は汝等軍人の大元帥なるぞ」といった、イデオロギーとして最も核心的な部分がすっぽりと抜けているのである。

兵卒の教育にあたって、変体仮名を用いた勅諭は、ただでさえ難解なうえ、前段部分には歴史的な事項がたくさん含まれていたために、読み書きすらできないものが多かった新兵の教育には、難しすぎると判断して省略したのかもしれない。あるいは、精神教育には五ヶ条の徳目さえ身につけばよいと考えたのかもしれない。いずれにせよ、精神教育として、皇室を中心とした歴史観を植え付けることに積極的に注意が払われていたわけではなかったことは確かである。

一八九〇年の『偕行社記事』誌上に、ある陸軍少尉が、新兵教育で改善工夫した成果を報告している。彼は、学科教育について、「従来新兵ニ教授スル所ノ兵卒須知ハ文体高尚ニメ（シテ）解釈亦タ困難ナルノミナラス此レカ教育ニ任スル下士上等兵ハ大低（ママ）文体ヲ其儘棒諳記セシメントスルヲ以テ数日ヲ経ルモ尚ホ一事ヲ記臆スル能ハス」[7]と述べている。新兵教育用のテキストである『兵卒須知』の文章が新兵には難しすぎるうえ、実際の教育ではその難解な文章を棒暗記させるので、何日たっても少しも覚えるに至らないというのである。

それゆえ、その少尉は内容を工夫して教えた。たとえば、第一週目の学科は陸軍礼式から始まるが、それは次のようである。

階級トハ如何ナル者ヲ云フ乎
上下（カミシモ）ノ分チヲ申シマス
上官ト称スル者ハ如何ナル者ヲ云フ乎
階級ノ上ナル者ヲ申シマス
……（以下略）

すなわち、記憶しやすいように、要点を平易な問答文にして、それを覚えさせたわけである。おそらく、新兵教育では、問いに対する答えの部分をそのまま復唱・暗記させたことであろう。それでは、国体観念に関わる「読法」や「軍人勅諭」についてはどういう教え方をしていたであろうか。[8]

読法
読法トハ如何ナル者乎
読法トハ私共ノ常ニ心得テ居ラ子（ネ）ハナラヌ陸軍ノ掟テアリマス
読法ニ記載スル緊要ノ事項ハ如何

忠義ヲ尽サ子ハナラヌヿ(コト)ト上官ニ敬礼ヲセ子バナラヌヿト上官ノ云ヒ付ケニ背カヌ様ニスルヿト臆病ヲ出サヌ様ニスルヿト喧嘩ヲセヌ様ニスルヿト人ニ誉メラレル様ニスルヿトヲ常ニ心得テ居ラ子ハナラヌト云フヿカアリマス

勅諭

勅諭

勅諭トハ如何ナル者乎

勅諭トハ天皇陛下ヨリ仰出サレタル御諭ヲ申シマス

天皇陛下ヨリ吾々軍人ニ仰出サレタル勅諭ニハ如何ナルヿカアル乎其大要ヲ云ヘ

忠義ヲセ子ハナラヌヿト行儀ヲ正シクセ子ハナラヌヿト勇気カナケレハナラヌヿト義理ヲ知ラ子ハナラヌヿト奢リヲセヌ様ニセ子ハナラヌヿトヲ諭サレテアリマス

「読法」[9]も「勅諭」も、ともに単純に徳目のみが抽出されており、ここでも勅諭の前段はまったく無視されている。この「工夫」を含め、この少尉の試みは高く評価されたものとみえて、最後に連隊長の「全篇ノ論説実際経験上ニ出ツルモノ多ク考案亦甚緻密ナリ概シテ同意」のコメントが付けられている。

これらの例が示しているのは、軍人勅諭に盛り込まれた世界観や歴史観を「学科」として伝達することについては、この時期にはまったくといってよいほど関心が払われていなかったということである。教え込もうとしたものは、読法や軍人勅諭が前提とした国体観念や歴史観などではなく、それらに盛り込まれた個々の具体的な徳目であったわけである。

このことは、精神訓話のために編纂された手引き書を見ていっても確認できる。日露戦争後のものは「世界無比の国体」「皇室と臣民」「献身殉国の精神」等、国体に関して理論的に解説したものや、国体や皇室と密接に関わる事例を注意深く配列したものが多くなるが[10]、それ以前に作られた精神教育の参考書では、「忠君」「礼儀」などの項目を立てて、「白虎隊の十六士」「忠実なる哨兵」「平手政秀の忠諫」等、古今東西の事例を蒐集したような形式のものが多い[11]。つまり、軍人勅諭に盛り込まれた諸徳目を教え込むための訓話から、後には、軍人勅諭の依って立つ世界観を教え込む訓話に変化していっているのである。

もう一つ事例を見ておこう。一八九四(明治二七)年の、『偕行社記事』に、秋山好古騎兵少佐が精神教育の在り方について論じている[12]。彼は「無形上即チ精神教育ニ関スルモノハ勅諭読法等ノ類アルト雖𪜈(ドモ)其足ラサル所極メテ多キノミナラス此教育ヲ有形上ニ実施スル点ニ於テハ蓋シ注意至ラサル所多シ」と、軍人勅諭や読法では、精神教育のためには不十分であり、また方法にも問題があると述べている。そもそも、精神教育の訓話には上手下手があり効果が一定しないが、訓話自体は必要であり、我が国では勅諭を基礎とし、本邦の歴史に題材をとって「忠孝節義ノ事蹟ヲ談話スルハ殊ニ必要」であるけれども、

「本邦ノ史談並ニ勅諭読法ノ類ヲ以テ現時ノ軍制並ニ戦法等ニ適スル教訓ヲ望ムハ聊カ足ラサルノ感ナキ能ハス」と、勅諭の諸徳目とは関わりなく、独自の項目を列挙して、その実例として欧州の軍人精神談からの事例を細かく紹介している。すでに触れたこの時期の精神教育参考書でも同様であったが、外国の人物や事蹟でも構わなかったし、軍人勅諭の諸徳目が絶対的なものではなかったことが、ここからわかるであろう。また、訓話の内容は、「忠孝節義ノ事蹟」であって、ある世界観を体系的に論述したり、ある統一的な歴史観に立った素材の選択がなされたりすべきであるといった発想はなかった。すなわち、兵卒の世界観全体の改造をめざすというよりも、兵卒として必要な行動をとれるような心掛けを形成することに主眼が置かれていたわけである。

陸軍の兵卒の精神教育の体系が、徳目の教え込みから世界観の改造へと転換していく変化を考えるうえで興味深い事例として、歩兵第三三連隊長島村中佐が、一八九六（明治二九）年に連隊所属の尉官に課した冬季作業について論評したものを見てみよう[13]。島村中佐が与えた課題は、大尉諸官に対しては、「兵卒ヲシテ我連隊ノ方針ニ基キ暗記セシムヘキモノ理解セシムヘキモノ銘心セシムヘキモノ、総テノ個条ヲ詳細ニ列挙シ且ツ之ヲ教ユル所以ノ方法手段ヲ詳記」せよ、というものであった。また、中少尉に与えた課題は、「兵卒ヲメ同方針ニ基キ義務名誉忠節本分愛国等ノ要義ヲ確実ニ会得セシムルニハ如何ニ之ヲ説明スル乎」というものであった。

島村は、部下の答案に対して強い不満を表明している。まず、大尉諸官の答案に関しては、軍隊教育順次教令の付表にある「普通ノ科目」については、それぞれ綿密に教育の方法手段まで答えているけれども、「所謂精神教育ニ関スル考案ニ至テハ幾ト記述シアルナシ」、これが大いに不満のあるところだというのである。また、中少尉の答案についでは、「多ク古今ノ忠臣義士烈丈夫等ノ事跡ヲ挙ケ義務名誉忠節等ヲ勤ムル所以ノ手段トシアルハ最モ同意スル所」であるとしながら、そこで取りあげられているのはもっぱら戦時の献身的行動の事例であって、「平時ニ関スル事柄ニ就テハ説述スルモノ幾ト稀」である。まれに平時の精神に関して言及している場合も、その方法は「義務名誉等ノ字義ニ就キ恰モ昔時ノ道学先生カ経書ノ字句ヲ講義スルカ如キ口調ノ解説ニ傾」いている。それゆえ、「無邪気ナル兵卒ノ脳裏ト相入ラサルカ如キ説明」でしかないというのである。これは、当時の実際の兵卒に対する現場将校の精神教育の考え方を知るうえで興味深い。大尉の答案が示しているのは、兵卒に暗記・理解・銘心させるべきものとして、もっぱら実務面に重きが置かれ、精神教育の側面は比較的等閑視されていたということである。また、中少尉の答案が示しているのは、精神訓話を行なう場合にも、人物や事例の羅列的な提示や字句の抽象的な解説にとどまっていたということである。そこからは、一つの体系的な歴史観や社会観としてのまとまりをもったイデオロギーが、組織的に教え込まれていたのではないことがうかがわれる。

では、こうした精神教育の在り方に不満を抱く島村連隊長はどういう方向を提示したか。それは、「皇室ノ尊栄及皇室ト国民ノ関係」や「我国ノ国体及我国体ノ世界ニ無比ナル所以」を縷々と論じ、「之ヲ説法的ニ講演シテ兵卒ノ脳裏ニ注入セン〻」を求めている。つまり、まとまりをもった論理体系としての国体イデオロギーを「説法的ニ講演」することで、兵卒にそういう世界観を形成させせようとするのである。

おそらくこれが、明治の前半とそれ以降の軍隊教育における精神訓話の在り方を分かつもっとも重要な転換であった、と私には思われる。訓話を通した忠義、勇敢といった個々の徳目の形成から、訓話を通した世界観の形成へという目標の転換である。断片的で羅列的な徳目の植えつけは、もはやそれ自体が最終的な目標ではなくなり、むしろそれら個々の徳目は一つの世界観（国体観念）から演繹されるべきものとなる。精神教育の最終目標は、軍人勅諭の前段にある歴史像や軍隊像を、個々の兵卒が自分の世界観とするべきことに向けられるようになるのである。

ただし、まだこの一八九六年の時点では、こうした教育目標の転換は、一連隊長の思いつきにすぎなかったかもしれない。しかし、日露戦争後には、軍隊内務書の改正や軍隊教育令の改正によって、それが陸軍全体の公的な教育方針となっていった。一九〇八年軍隊内務書の綱領では「我国ノ万国ニ冠絶セル所以ト聖朝御歴代ノ高徳トヲ講話シ兼テ古今忠勇義烈ノ事蹟ヲ述ヘ」るべきことが明示され[14]、一九一三年の軍隊教育令では「我ガ国粋タル古今ノ史実ヲ選ビ殊ニ我ガ国体ノ特長、就中皇室ト臣民トノ関係及光栄アル所属団体ノ戦績若ハ先輩戦友ノ建テタル勲功等識見ヲ高尚ニシ躬行ノ模範タルベキ事蹟ヲ挙ゲテ仔細ニ説示」することの価値が称揚された[15]。今や精神訓話は、単なる列挙された徳目の教え込みから、兵卒の世界観（国体観念）全体の改造を目標にするようになったのである。

その結果、精神訓話や日常の訓誡も軍人勅諭に引き付けてなすべきことが繰り返し強調されたり[16]、詳細で体系的な精神訓話計画が立てられたり[17]、「軍人精神」を歴史観・世界観の教義として緻密化していく努力[18]がなされるようになった。

第三節　精神訓話の限界

しかしながら、精神訓話が、単なる徳目の教え込みから世界観（国体観念）の涵養を目標にするものになったことによって、実際には解決し難い二つの問題が生じ続けることになった。一つは、精神訓話の実施者たる陸軍将校自身が国体論を十分理解しているか否か、さらには別の社会理論（デモクラシーや社会主義等）に対する彼らの理解の不足といった点で、批判や反省が繰り返されることになったということである。彼ら将校は、軍事諸学には精通しているものの、社会思想については、しばしば半可通にすぎなかった。実際、一九二九（昭和四）年に陸軍省調査班が内密に行なった実態調査でも、「将校ノ思想問題ニ関スル理解ノ程度ヲ概観スルニ大部ハ研究不十分ニシテ上下ヲ通シ現代思潮ニ対シ無関心ナルモノ多シ」と報告されている。[19] あるいは、一九二八年の陸軍大学校再審試験を受験した者（これはかなり優秀な青年将校であるが）を批評したものによれば、「受験者ノ多クハ国民思潮ノ傾向ニ対シ殆ンド無関係ト謂フベク」、「受験者ノ思想問題ニ関スル知識ノ貧弱ナル一例ヲ挙グレバ無産党ノ如何ナルモノナルヤヲ知ラザルガ如キ」状態であった。[20]

こうした結果、道徳訓話ならともかく、現代社会についての理論的説明による思想教育という課題は、将校にとってかなり困難なことであった。「中隊長又は中少尉が、一時間にも渉る長談議を為し、国体の精華、危険思想など、広く政治、歴史、哲学等に亘り博識のものにあらざれば能はざるが如き講演を敢てせんとする者があ」り、「是が抑将校の非常識を暴露し、国民として軍隊にのみ独り旧思想の存在して居るが如く疑を懐しむる」[21]といった批判や、「愛国に就ての精神教育は困難では無いが、忠君の精神教育は容易で無いと悲鳴を挙げる将校が多い」[22]という声がだされたりした。『偕行社記事』等において、将校が常識を涵養すべきことが繰り返し主張されていった理由の一つはこの点にあった。

もっと大きな問題点は、一方的に語られる訓話や講話が果たして兵卒の〈精神〉を変容させうるのかどうかという点であった。

一九〇〇（明治三三）年の『偕行社記事』では、ある砲兵少佐が次のように述べている。[23]

「人或ハ兵卒ニ絶対的服従心ヲ喚起セントスルニ忠君愛国ノ道ヲ以テセントスル者アリ忠君愛国ハ素ヨリ軍人精神ノ本源ニシテ任意的服従心ヲ涵養スルニハ其効用固ヨリ大ナリ然

レ𪜈絶対的ノ服従ハ寧ロ慣習ヲ以テスルヲ良トス人若シ家庭ニ於ル小児ノ教育法ト比較シ来ラハ思ヒ半ニ過クルモノアラン」。服従心を喚起するためには、教練や内務教育の方がより有効であるというのである。彼にいわせれば、「忠君愛国ノ道ヲ講話ス素ヨリ必要ナリ然ルニ此ノ如キ哲学上ノ無形名称ノ定義ヲ強テ兵卒殊ニ教育ナキ者ニ解説セントスルハ啻ニ容易ナラサルノミナラス其利益ヤ殆トアルナシ」、すなわち、抽象的な理論を兵卒に理解させるのは困難であるばかりか、得るものもほとんどない、というのである。

同様の指摘は一九一四年にある歩兵中尉が著した本の中にも見られる。すなわち、現役期間が終了すると、教育の効果が消え去ってしまっているという批判があることについて、「此憂ふべき状態を以て、一般国民精神の頽廃に付会するものが多いやうであるが、予は直に之に賛成し得られぬのである、何となれば、在営中はイッパシ立派な兵隊さんであつて、決して精神教育難といふ程度のことを感じなかつたことでも分る、仍で吾人は在隊中の精神教育は、単に形式に止まり、一時の理解に甘んずるに因るとの結論に到着せぬ訳に行かぬ、口伝えにし理解せしむる丈に止まる精神教育は、右の耳から左の耳にぬける間の時間丈の効力はあるかも知れぬ、凭んな精神教育では百万陀羅繰返しても、恐らくは除隊前夜には消磨し尽くすであらう」[24]と述べている。

では、精神教育の徹底のためにはこの著者は何を提案しているか。「「精神は只精神を以て教育し得」とは流石に内務書綱領の名句であるが、予は百尺竿頭一歩を進めて、「須らく信念を以て精神教育に当るべし」と云ひたい[25]」というのが彼の結論である。皮肉なことだが、それはきわめて精神主義的な「解決案」であるといえる。精神教育の徹底のための精神主義、というわけである。

「其ノ説ク所徒ラニ架空ノ抽象ニ馳セ或ハ肯綮ヲ失シテ兵卒ノ脳裡ニ深ク徹底セシムル能ハス[26]」という精神訓話の効果の薄さは、具体的な解決策が見出されないまま、繰り返し指摘され、議論されていった。一つ一つの例は挙げないが、『偕行社記事』に掲載された多くの議論が志向したのは、訓話のやり方や訓話の機会を改善・工夫することの提案であり、それらは同時に「熱誠」や「人格」が必要であることを訴えていた。しかしながら、それらが決定的な改善策になりえなかったことは、同工異曲の「改善案」が繰り返し出され続けたことの中に、はからずも示されている。

私の見るところ、精神教育を徹底しようとする努力にとってもっとも大きな問題点は、実際に兵卒がどの程度国体観念を内面化したかを測る手立てが存在しなかったということである。何をどう教えるかについての議論や工夫は、限りなくだされていったものの、教え込みの効果を測る具体的な手段については、(1)外形に表れる態度や行動の中に「精神」を読み取るか（第五節参照）、あるいは、(2)教え込んだことを記憶したかどうかを確認するか、のどちらかのやり方しか考案されなかった。

後者についていえば、棒暗記は軍隊教育令でも批判されていたにもかかわらず[27]、実際には、兵卒は勅諭の五ヶ条や全文を暗記させられたり、訓話の要点を覚え込まされたりしていった。[28]しかし、こうした方法では、いかに徹底して実行していったとしても、すべての兵卒の世界観を根本から改造する成果などは挙がりようがない。野間宏の述べるところを引用しておけば、「精神講話はすべての兵隊にとって、非常に縁遠いものであり、その内容は歩兵操典などによくあらわれているように、非常にむずかしい字引を何回もひかなければ解らないような漢字を使った表現でしめられている。そして兵隊たちはこれを手帳にかきとって、そのうちのもっとも重要な強調点を暗記していて、その次の講話の日に、あるいはその夜の点呼の時に、暗誦してみせなければならないのである。……「軍人にたまわりたる勅語」を暗誦するということは、初年兵が、食事をさせてもらうための要件であり、これができなければ、食事はおあずけで、何時間かたたされる。意味内容など勿論わかるものでもなく、わからなくともよいのである」[29]。ある内容を記憶することと、その内容を自分の価値の中核に据えたり自分の世界観とすることとの間には、実に大きな距離があるのである。

第四節　将校の自己修養

日露戦争後から大正期にかけての『偕行社記事』を丹念に検討した浅野和生は、その時期には、精神教育を充実させるための方策の中の重要な一つとして、将校の自己修養が盛んに主張されるようになった様子を明らかにしている。

すなわち、日露戦争後の論説を見ると、兵卒の精神教育を実施するにあたっては、まず将校自身が軍人精神を身につけておくべきことが求められ、そのうえで下士や兵卒を感化することが期待された[30]。さらに大正期にはいり、一九一七（大正六）年頃から青年将校の常識の欠如や、デモクラシー思想への将校一般の無理解が問題になってくると、兵卒の精神教育を徹底するためには常識の涵養や思想の研究が将校にとって必要である、と論じられるようになったというのである[31]。

そこでは、将校の自己修養とは二つの意味があったことがわかる。一つは、前節で触れたような兵卒への講話の内容をより説得力のあるものにするための自己修養であった。デモクラシーや社会主義のようなさまざまな思潮について将校が十分理解したうえで（常識の涵養）、さらに思想的な研究を進め、皇室中心主義の必要や日本の国体が世界に冠たる理由や、厳正な軍紀の必要性について「歴史的に科学的に哲学的に兵卒を納得させ[32]」ることが必要であるという認識から導かれるものであった。

もう一つは、下級者の将校に対する信頼や尊敬を基盤にして上下の秩序関係を維持していこうとするために、「人格の修養」の必要が唱えられたということである。日露戦争後に打ちだされたいわゆる中隊家庭主義の理念は、中隊長を師父・厳父、下士を慈母とする疑似家族的関係として（タテマエ上は）見なしていた。そうした中で、一九〇八年の軍隊内務書では「上官ハ隊中ニ在ルト否トヲ論セス其言行総テ部下ノ儀表タラサルヘカラス」[33]と規定され、一九一三年の軍隊教育令では「殊ニ教育者率先躬行以テ活模範ヲ示スハ最モ必要トスル所ナリ」[34]とされた。この率先躬行の重要性の強調は、兵卒の精神教育の改善を論じたさまざまな論考の中に繰り返して登場してくる主題であった。たとえば、「軍人勅諭の聖旨を奉体し一誠以て貫徹せしむる」精神教育を行なうためにある歩兵中尉が述べるのは、「中隊長は自己修養により人格的威力を増大し中隊附幹部又範を垂れ補佐の任を尽すの時初めて中隊長の指示する方針は貫徹しうるのである」[35]といった表現がその典型的なものである。[36]特に第一次大戦の教訓から、兵卒の自覚的服従が必要であるとの認識がいっそう強まると、指揮官の人格はさらに重視されることになった。[37]しかしながら、精神教育の徹底のための方策として、将校が自己修養すべきことが繰り返し主張され続けたこと自体、精神教育の徹底がいかに不十分であったかを物語っていると私には思われる。将校の自己修養や率先垂範がかくも重視されたということは、いわば、迂遠で間接的な方法が、まさに中心的な「改善策」として語られ続けていたということを示しているからである。

　実際、中隊長や中隊に所属する個々の将校が果たしてどれだけ個々の兵卒とパーソナルな接触の機会があったかと考えれば、将校の自己修養・率先垂範が兵卒の精神に訴えかける効果はきわめて薄かったであろうことをわれわれは容易に発見する。

　兵卒としての体験を綴った多くの回想や手記、こっそりとしたためられた日記に目を通して気づくのは、兵卒にとって将校との接触はきわめて少ないうえに、その接触はほとんどフォーマルな関係であったということである。内務班での生活には将校はまったくといってよいほど関与していない。佐藤鋼次郎はこの点を次のように指摘していた。「我軍隊内務書では中隊を兵卒の家庭とし、家庭の躾に依て兵卒を感化し、日常坐臥の間に於て、兵卒に軍人精神を涵養せんとするの趣旨となつて居る。此理想は至極尤の事ながら、従来の事実に徴しては実行不可能であつた。真の家庭を形らんとするならば、家長たる中隊長が、兵卒と共に起居を共にして居なくては、家庭の躾など迚も実行不可能である。……実際現今に於ける軍隊家庭の有様は、家長は夜間には常に不在であつて、兄弟ばかりで留守番をして居ると同一である[38]」。

遠藤芳信は、上等兵支配の体制を批判した田中義一の観察を紹介しているが、それによれば、内務班長（下士）は、自分から出向いて内務班を直接的に指揮せず、すべて上等兵に仕事をやらせてしまうし、将校自身も、上等兵に多くのことをやらせる。その結果、「上等兵政治だ、この階級で闇黒幕が作れる。さうして其の下には何事が伏在するか分らぬ。上等兵といふもので出来た黒幕の透視は困難である。中隊長も、将校は尚更下士でも、其の黒幕の中へ這入つて、下まで透視して見るといふことは、なかなか六つかし[39]」かった。ほとんどの兵卒にとって在営経験の主要部分を占める内務班の生活においては、兵卒と将校とのパーソナルな関係はきわめて希薄であったといってよいであろう。このように、実際に兵卒の内面に大きな影響を与えたであろう内務班での生活が、古参兵を支配者とした人間関係の場であり、将校は兵卒にとって疎遠な存在でしかなかったのである。

一九一九年の『偕行社記事』には、自分の隊の下士卒に日記を書かせてそれを点検し、将校や下士の言行がどう兵卒の精神に影響を与えたかを考察した、ある歩兵大佐の報告が掲載されている。[40] そこでは兵卒が将校や下士から好ましい影響を受けた事例が紹介される一方で、日記が点検されるために「彼等ハ其所感ヲ露骨ニ記載セサルヲ以テ悪感的真象ヲ知ル能ハサルナリ」と述べられている。そしてこの歩兵大佐は、「上官ノ言行カ下級者ニ怨悪的感想ヲ懐カシムルコトハ善的感想ヨリモ更ニ大ナルヤ明カナリ」と断言している。つまり、将校や下士の言行が兵卒に与える影響は、現実には、兵卒の反感や不満を生む場合の方が多いと観察しているわけである。では、どうすれば、こういう事態を改善できるのか。彼が主張するのはやはり将校の自己修養の徹底という方向である。

結局、将校がどれだけ真摯に自己修養していったとしても、兵卒の世界観の形成という意味では、迂遠で間接的な効果しかありえなかったと思われる。確かに将校の側に率先躬行や言行の一致がなかったとしたら、下士や兵卒に面従腹背の気分が蔓延したであろう。あるいは、将校が自分自身の人格を高めることは、下士・兵卒からの信頼をえて、戦闘場面における命令―服従の貫徹のためには役立つかもしれない。日本人の死生観を分析した加藤周一らは、特攻隊の隊員たちにとって「直属の部隊内部の心理的圧力と、生還した場合目に見えている屈辱感」の影響力が大きかったことを指摘しているが[41]、おそらく、戦時における軍紀の維持や自発的服従の調達に関して、上官との情緒的結びつきの有無は決定的な重要性を持っていたに違いない。しかしながら、平時の兵営においては、中隊長や他の隊附将校と個々の兵卒の人格的接触の機会は通例かなり希薄であったうえ、当然のことながら人格的な信頼それ自体は、兵卒に特定の世界観を植えつけるという直接的な機能は持っていないのである。そこで形成されるものはあくまでも、○○少尉や○○中尉への信頼や心服であるからである[42]。

第五節　身体訓練と監視

精神教育のための第三の方策は、兵卒に対する厳しい訓練と日常の起居や動作の厳格な監視であった。一八八九（明治二二）年に監軍が発した軍隊教練の要旨に関する訓令の中で、その後の基本的な要素がほとんど明示されていた。そこでは教練や他の日常的な行動の監視が「無形上ノ教育」すなわち、精神教育にいかなる意味を持つかが論じられている。

……軍紀ハ培養ニ因テ之ヲ慣習セシムルヲ得ベシ。即チ年月ノ経過ト共ニ漸次之ニ慣習セシメ以テ兵卒ノ第二ノ天性タラシムニ非レバ、之ヲ全クスルヲ得ベカラズ。而シテ其培養ノ方法中特ニ教育ノ基礎タル各個教練ハ最モ能ク之ニ慣熟セシムル機関ニシテ尚ホ且行軍或ハ武器ノ使用等ニモ之カ補助タラザルハナシ。然レドモ独リ是等有形上ノ教練ノミニ依頼スベカラズ。兵卒ノ服役中諸種ノ勤務上ニ於テモ亦常ニ其補助タルモノヲ看出スヲ得ベシ。即チ軍人ハ外務ト内務トヲ問ハズ其動作上ニ於テ長官ノ監視終始絶ルコトナク仮令些少ノ過失タリトモ之ヲ看過サルルコトナキニ於テハ軍紀ノ慣習其間ニ成ルモノニシテ或ハ市街上ノ動作等ニ於ケルモ之ガ監視ノ度周到ナルニ従ヒ弥々深ク之ニ慣習セシメ得ベシ。[43]

……服装ハ兵卒ニ軍紀ヲ慣習セシムル方法中最良手段ニシテ他ニ服装ノ如ク絶ヘズ兵卒ヲ監視スルモノアラザルベシ。故ニ服装ノ良否ハ直ニ其部隊ノ声価ヲ品評スルヲ得ベシ。敬礼亦然リ。其実施虚飾ニ流レ恰モ一種技芸ノ如キ観ヲ為スト、中心恭敬ノ徳義ヲ表スルトハ精神教育ノ如何ニ因ルモノニシテ以テ其教育ノ良否ヲ代表シ其部隊ノ価値ヲ増減スベシ。[44]

教練は戦闘能力の向上に加えて、厳正な軍紀を習慣として身につけるという効果も期待されていた。また、内務生活や服装や敬礼も、絶えざる監視によって厳格に行なわせることで、軍紀に習熟させるための手段であったわけである。

こうした、厳しい教練や外形的な取り締まりによって精神教育を行なうという方針は、日露戦争後にさらに徹底していった。兵営は、「其起居ノ間ニ於テ軍紀ニ慣熟セシメ軍人精神ヲ鍛練セシムルヲ以テ主要ナル目的トス」[45]るようになった。一九一三年の軍隊教育令の綱領においても、「周到ニ企画シ整正厳格ニ実施スル教練ハ実ニ軍人精神ヲ振作シ軍紀ヲ緊張スルノ要道ナリ。而シテ又諸般ノ演習内外ノ勤務並行往坐臥ノ間諄々薫化シテ懈ラザルハ之ガ養成ニ欠クベカラザルモノトス」[46]と教練や日常の起居全体が精神教育の目的に向けて行なわれるべきことが示された。

　ここで重要なのは、城丸章夫や遠藤芳信が指摘しているように、日露戦争後に作られていった典範令では、軍人精神の涵養と軍紀の習熟とが同一線上に位置づけられ、「有形教育」と「無形教育」とは密接に関連するものとして考えられるようになったということである。[47]「厳正な軍紀」は「軍人精神の横溢」と重ねて論じられるようになることによって、「軍紀」は単なる「軍の規律」という外形的な意味を超えて、個々の成員の精神の在り方と不可分のものとされるようになった。田中義一が一九一一年に説明するところによれば、かつて「多ク形ノ上ニ付テ唱ヘタモノデ」あった軍紀は、日露戦争後には「精神ノ結合人心ノ統一ト云フコト」を含めた概念となったのである。[48]しかもこの「軍紀」は次第に観念性と理論的修飾を強めていくことになった。一九三七年に教育総監部が作成したパンフレットでは、日本の軍隊の軍紀の特殊性が強調され、次のように説明されている。「蓋し我が軍紀は、其源を天皇親率の大義に発し、皇基を恢弘し、国威を宣揚せんとする将兵の衷心より発する絶対服従を要素となすものにして、宇内に冠絶せる国体に基き、聖諭に明なる軍人精神に、磐石の根底を有するものである」[49]。

しかしながら、二つの意味で、身体の訓練や監視の徹底は、精神教育には結びついてはいかなかった。一つは「精神」が手つかずの領域で残ったということ、もう一つは、監視が「不徹底」であったことである。

「精神」が手つかずの領域で残ったというのはどういうことであろうか。右に掲げた遠藤の指摘で興味深いのは、日露戦争後の兵卒の精神教育に関する論では、「精神力の価値の尊重と、深遠な修辞によって、表現されたところの「精神力」の文章表現上の尊重との混同視がみられ[50]」たということである。この観察は、陸軍教育における「精神教育」の意味の転換を示しているという点できわめて重要である。いわば、行進は「勇往邁進ノ気象」をあらわすとか[51]、敬礼は上官に対する礼節や忠誠の度合いをあらわす[52]というように、「形」の中に「精神の在り方」が過剰に読み込まれたのである。先ほど引用した軍紀に関する教育総監部の説明も、いかに冗舌に「形」を通して「精神」が語られているかをよく示しているだろう。

それが論理的に誤っていることについて、遠藤は次のように明快に指摘している。「被教育者に同一の教練を施したからといって、その結果、同一の精神的方面の内容や特定の徳目（『勇往邁進ノ気象』など）が形成されると期待することはできない。教練の実施によって形成される精神的な内容は多様であるからである」[53]。また、「不動の姿勢は、軍人精神が内に充溢しているときは自ら厳正になるとされた。しかし軍人精神の充溢やそれらの精神の有無とは無関係に、不動の姿勢の外容を厳正にできることはいうまでもない」[54]。これらの指摘はまったく適切である[55]。

実は、一八八八年に陸軍礼式が制定された際に陸軍大臣が発した訓示では、「苟モ恭敬ナラサレハ外貌或ハ整粛ヲ表スルモ唯是レ仮飾ニシテ決シテ真正ノ礼儀ニ非ス故ニ之ヲ遵守スル者モ必ス徳義ヲ内ニ養ヒテ然ル後儀容ヲ外ニ整ヘ外礼内徳相須ツノ常ニ其度ヲ上進ス可シ」[56]と、形と内面とは切り離して論じられていた。ところが前に見た八九年の監軍訓令では、形が内面を表す、すなわち身体動作や身体上の表徴が精神の在り方を示すという観念が登場してきた。きちんとした服装や敬礼は「徳義ヲ表スル」すなわち、被教育者の内面を表すというふうに。しかしながら、この段階での焦点は、秩序正しい軍隊行動や命令―服従関係の遵守のような「軍紀ノ慣習」の次元に置かれており、兵卒の内面には個々の徳目以上のものは求められてはいなかった。ところが、日露戦争後には身体の在り方は当人の世界観や歴史観の表徴として論じられるに至った。画一化され統制がとれた軍隊秩序は、国体の無瑕疵性・皇室の無謬性という神話と重ね合わされる。形のくずれた不動の姿勢や整理の行き届かない物品管理が、「天皇への忠誠心の欠如」へと結びつけられる言説の平面が今や形成されたわけである。

私が見るところ、このような逆転した身体と精神との関係に基づく精神教育像は、教育実施上の大きな困難を抱え込むことをもたらした。そもそも、「形」が世界観や歴史観まででも含み込んだ「精神」を示すものと考えるのは、先に述べた通り、論理的に誤っている。遠藤がいうように、兵卒が「勇往邁進ノ気象」に富む場合には、行進は厳正で統制のとれたものになることはあるだろうが、その逆、すなわち行進が厳正で統制のとれたものであっても、それは必ずしも兵卒が「勇往邁進ノ気象」に富むとはかぎらない。同様に「攻撃精神は忠君愛国の至誠と献身殉国の大節とより発する精華なり[57]」という表現の事例を考えてみれば、「忠君愛国の至誠と献身殉国の大節」が兵卒に内面化されている場合には、おそらく攻撃精神も旺盛になりうるであろうが、その逆（「攻撃精神が旺盛な場合、「忠君愛国の至誠と献身殉国の大節」が兵卒に内面化されている」）は必ずしも正しくはないのである。

それゆえ、「形」によって「内面」が過剰に説明されることによって、典範令や精神教育に関する言説の中に描かれた兵卒像と、実際の兵卒の思想や思考との間には、埋め難いギャップが生じることになった。「外形ノミノ服従ハ此際何等ノ価値ナ」しとしたうえで、「服従ハ下級者ノ忠実ナル義務心ト崇高ナル徳義心トニ依リ軍紀ノ必要ヲ覚知シタル観念ニ基[58]」づくべきであるという論理や、「先づ形より教へんとする躾教育は遂に究極する所精神に入らねばならず又入らしむることを得[59]」という論理は、すべて当為（〜すべし）でしかない。具体的な兵卒の「内面」は、その当為からかけ離れた状態にある。それゆえ、精神教育は常に不十分であり、不徹底たらざるをえない。というのも、「先づ形より教へんとする」ことによって、外形には表れない被教育者の「内面」の部分は、教育者がいくら努力しても手の届かない領域として残り続けさせることになったからである。不動の姿勢の矯正を通した精神教育はどこまでいっても精神の奥底をのぞき見ることはできないのである。それゆえ、一層「形」による教育の深遠な意義や精神教育の徹底の必要性が高唱されていくことになる。「形」の教育→外形のみの同調→兵卒の「内面」への不信→精神教育の必要性の強調→「形」の教育の強化、という悪循環が生じていったわけである。

第二番目の「監視の「不徹底」」とは、誤解を招きかねない表現ではあるが、「中隊将校及下士が如何程迄兵卒行動の裏面を監視し得るやは疑問なり[60]」という意味である。前節で述べたように、実際の兵営生活においては、精神教育に携わるべき将校と一般兵卒の接触はきわめて希薄であった。また内務班の生活は上等兵等が実際の権力を握り、将校による兵卒の日常の起居および動作の監視は、非常に形式的なものにならざるをえなかったのが実情であった。たとえば内務班での起居や動作について、将校の眼で監視できるのは、「諸帳簿ガ整理シテ居ラヌトカ若ハ規定サレタ事ガ実行出来テ居ルトカ、出来テ居ラヌトカ、サフイフ様ナ事柄[61]」でしかなかった。つまり、内務班教育における上級者による下級者の監視や処罰は徹底していたけれども、それは典範令に示されたような精神教育に関する「高邁」な理念を教え込もうとする者とは何の関係もない下士や古参兵による初年兵の監視であった。そのうえ、将校にできたのは物品の整理や手入れの徹底のような瑣末な事項への監視にすぎなかった。

もちろん、将校が一人ひとりの兵卒について熟知すべきだという議論はしばしばなされた。兵卒の個人情報を記載した身上調査書そのものは以前からあったし、それを活用すべきことも繰り返し主張された。一九二七（昭和二）年の軍隊教育令の改正においては、「個性ニ適応」するために、将校は各兵卒の個人的な情報について詳しく知り、身上調査書をいっそう重視するよう求められた[62]。しかし、当局からマークされた「要注意兵」を除けば、そうした努力はあまりなされなかったようである。実際には「身上調査の如き頗る徹底を欠き身上明細簿の如きは特務曹長の筐裡に深く蔵せられ個性教育の徹底上之が利用適切を欠く事[63]」がしばしばであった。おそらく、全軍画一的な「形」にはめ込むことが教育の要点であり、検査や検閲の際に求められるものもそうした「形」の画一性（思想の画一性ではない）であるかぎり、ある一定程度以上には教育を個別化する必要性がなかったことがその背景にあったであろう。

結局のところ、身体（外面に表れる形）が精神を表すという論に従って、身体の訓練や日常の起居や動作の監視は行なわれたものの、「形」はあくまでも「形」であって、兵卒の内面の奥底を直接掌握することはありえなかったのではないだろうか。つまり「外形よりして精神を修養するの効果は無論幾分かは認むべきであるが、極端な画一主義を以て、果たして全隊人心の帰嚮統一を図り得べきや否やは一大疑問である。又軍隊家庭の主義に依り、日常坐臥の間に軍人精神を涵養せんとするのは要求が高過ぎはしまいか[64]」という当時のある論者の批判が、正鵠を射ていたのではないかと思われるのである。

第六節　〈精神教育〉の限界と効果

本章では、戦前期の一般兵卒の〈精神教育〉が抱えていた論理的・実際的な諸困難を考察してきた。本節では、以上の議論を整理したうえで兵卒の精神教育の実践が果たした機能について論を進めることにしよう。

総じていえば、一人ひとりの内面を全面的に掌握しようとする教育という意味で〈精神教育〉を定義するならば、戦前期の兵卒教育においては、結局のところ、兵卒一人ひとりの内面の中にはいくら厳しい〈精神教育〉によっても手の届かないある領域が残っていたということがいえるのではないだろうか。個々の兵卒の内面の全面的な掌握や世界観の改造を企図した方策が案出され実施されていったが、それらの方策はそれぞれ何らかの限界や問題点をはらんでいたからである。

〈精神教育〉のための第一の方策は、最もオーソドックスな方策である精神訓話の実施である。しかしこれは、将校自身の理論的力量や伝達能力に関して、常に疑問が提出され続けた。それ以上に問題であったのは、一方的な解説や説明が、兵卒の世界観の変容に果たしてどの程度寄与しえたのか疑問があるということである。訓話の要点を復唱させることや勅諭の徳目を暗記させることが、彼らの理解を測る手段であったかぎり、訓話の内容や勅諭の徳目が記憶されたかどうかのみが教育する側にとって可視的であったからである。

第二の方策は、将校の自己修養による下士・兵卒の感化というものであった。しかし、これはどこまでいっても、国体観念の教え込みという意味では、迂遠で間接的な効果しかありえなかった。そもそも、将校は個々の兵卒との人格的な接触の機会が少なかったため、具体的な効果という点でも、その効果を確認するという点でも、大きな限界が存在し続けた。

第一と第二の方策は、教育者が被教育者に語りかけ、自分の姿を見せるという相互作用の在り方であった。フーコー的な権力概念からすれば、それは〈見せる権力〉の様式に属するものであった。自らの姿を民衆の前に誇示する天皇[65]という権力技法の延長上に位置していたということができる。ただし畏敬と心服の対象として民衆の前に姿を晒すのも、民衆に向けて国体の尊厳を説諭するのも、天皇自身でなく天皇の代理者たる将校であったわけであるが。

第三に、厳しい身体訓練と日常の起居及び動作の監視による精神教育という方策が存在した。これは、右に述べた権力概念からいえば、〈見る権力〉としての権力様式に属する。

それは、理屈のうえでは、兵卒一人ひとりの内面を注視しながら、その改造を企てるという意味で、被教育者にとって教育者の作用から最も逃れる自由度が少ないものであった。しかしながら、ここでも被教育者の内面はまるごと捕捉されたわけではなかった。教育する側の視線は常に、「形」に向けられ続けた。精神教育に関する言説の次元では、個々の兵卒の「形」は内面と結びつけられ、過剰なほどの意味づけを与えられたが、却ってその言説上の兵卒像は、現実の兵卒の思考や感情との間に大きな溝を形成することになった。

また、内務班での日常の起居や動作が、精神教育を担当すべき将校たちには暗幕の向こう側に置かれ続けたものであったため、監視自体も「不徹底」なものでしかなかった。それゆえ、精神教育を担当すべき将校が兵卒の内面の奥底を直接、全面的に掌握することは不可能であったし、兵卒の日常の監視に携わったのは、国体観念や天皇への忠誠心をどれほど内面化していたか疑わしい下士官や古参兵たちであった。

結局、〈見せる権力〉と〈見る権力〉との複合した、濃密な教育システムが形成されたにもかかわらず、そのシステムはすべての兵卒の内面のあらゆる部分に入り込んで作用することまではできなかったと考えるべきであろう。私の見るところ、一人ひとりの内面への攻囲を徹底しようとするうえで欠落していたものは、〈彼らに語らしめること〉であったように思われる。自由に心情を吐露させ、それを記録にとどめ、個別に説得し、自らを考えさせる、そういった一連の〈告白〉の手続きこそが、身体への攻囲を超えて内面への攻囲を可能にするはずであった。ところが、軍隊において許されていたのは、ある型にはまった自己表現のみであった。むしろ、軍隊は兵卒が自らの世界観を語ることを警戒し、抑止していった。〈内面〉の表現を禁圧することによって、皮肉なことに、軍隊教育は兵卒の〈内面〉に個別に具体的に介入していく手段を失ったのである。

では、〈精神教育〉は言説の空転、実践の形骸化（儀礼化）という結果しかもたらさなかったのであろうか。そうではない。世界観の形成という点では失敗したにもかかわらず、このシステムは、一方では実質的な服従の調達や規律化された兵卒の身体を形成すること（狭義の軍紀の貫徹）に関しては成功した。世界観の内面化がなくても、厳格な教育によって、軍隊の秩序と効率は達成できたわけである。他方では、このシステムは、支配―服従関係の徹底、厳しい身体訓練や厳格な日常の起居及び動作規則とによって、〈何かを考えさせないこと〉にも成功したであろう。つまりたとえば、「国家とは何か」「何のために上官の命令に従わざるをえないのか」といった自問の停止、既存秩序への服従や従順さの形成という面ではある程度成功したといえるであろう。[66] しかしながら、世界観の植えつけという意味での内面支配は、このシステムでは貫徹することは不可能であった。もちろん、そういう世界観を兵卒は知識として学ばせられたし、中にはそれを自分の価値意識の中核に据えるに至った者もいたかもしれない。しかし、このシステムは、そうした世界観の押しつけから逃れる者を捕捉して改造する具体的な手段を持たなかったかぎり、〈何かを考えさせること〉をすべての兵卒に貫徹することはできなかったのである。

おそらく、こうした教育の結果、日本の軍隊は、兵卒たちに何かを一律に考えさせることによって作動したというよりも、むしろ一律に彼らの思考を停止させることによって作動したというべきであろう。思考を停止した従順な身体、調教された身体が支えるシステム。ここでわれわれは、重要なのは「意味ないし思想体系の問題」ではなく、「言葉も含めて身ぶりの問題」であることに気づく。[67]天皇制システムは、人々がイデオロギーを内面化することを不可欠とするシステムなのではなく、日常の対面行為のルールの習得とそのルールに沿った行動の連鎖とによって支えられたシステムであったことがわかるのである。〈精神教育〉が強調された日露戦争後から太平洋戦争期に至るまで、連綿と「精神教育の不徹底」「精神教育の不振」が軍の内部で語られ続けた理由は、以上のことから容易に理解できる。兵卒のすべてに〈何かを考えさせないこと〉はできても、〈何かを考えさせること〉は不可能だったからである。また、兵卒の立場に立てば、戦後の回顧で兵営生活において厳しい〈精神教育〉を受けたと述べる者が多い理由も理解できる。彼らは兵営生活において、〈何かを考えないこと〉を強いられ続けたからである。

〈第Ⅲ部〉　昭和戦時体制の担い手たち

第一章　社会集団としての陸軍将校

第一節　はじめに

一般に、軍事史にせよ、政治史にせよ、あるいは思想史にせよ、さまざまな研究領域において軍人――特に将校――の問題が考察される時には、彼らの職務上の出来事に関わる部分にのみ注目が集まりやすい。軍事史の著作の多くは、動員や作戦行動、戦略や戦術思想など、直接間接に戦闘と関わるものに関心が集中している。政治史や思想史においても、そこでの主たる関心は、戦争の専門家としての軍人が政治や社会にどう関与していったのかとか、特定の軍人――ほとんどは中枢の高級軍人やクーデターの主役――がどういった思想をもち、どういった行動をしていったのか、といった点におかれがちである。

しかしながら、当然のことながら軍人もまた、ある時代の中で生きる生活者の一人である。決して戦闘するための自動機械でもないし、必ずしも戦争を欲する「血に飢えた狼」であるわけでもない。彼らもまた、一般人と同様、家族を持ち、現在の自分と将来の自分の生活を考える、私人としての生活の側面を持っている。

本章の課題は、そうした生活者としての側面から見た時、大正末〜昭和初期の将校はどういう状況にあったのかを、実態と意識の二つの側面から考察することである。もちろん、これまでの研究がこうした側面にまったく言及してきていないわけではない。たとえば、中田みのるは、桜会の結成—中堅軍人の政治化の背景要因として、イデオロギー的な危機意識等と並んで昇進の停滞状況が、彼らの政治不信や現状への危機感の源泉の一つであったことを指摘している。[1] 五百旗頭真は、石原莞爾らが満州事変を引き起こすことによって「帝国軍人の生活を脅かす軍縮の悪夢を一夜のうちに消散させ、軍事予算の増額と軍組織の拡大、軍人の昇進の機会増加、そして軍の政治的発言力の飛躍的上昇をもたらした」[2]と述べている。

しかしながら、軍人の生活の問題という側面は、これまで本格的に論じられたことがあまりないように思われる。論じられる場合も、それを大正中後期の軍縮と結びつけて理解する程度にとどまっており、もっと背景的な構造的問題に踏み込んで検討してはいない。つまり、軍人の生活難の問題について、どのような背景的な要因が存在していたのか、しかもそれに対して、思わしい改善策が結局講じられなかったのはなぜなのかといった問題は、これまで十分明らかにされてはいないのである。またそれとともに、そのような軍人の生活への関心が、生活難の当時やその後の戦時期の彼らの意識や行動とどう関わるのかについても、十分には考察されてきてはいない。それゆえ、本章で検討していくのは、大正末〜昭和初年の軍人の生活難が、具体的にどのようなものであったのか、また、それを生起させた背景要因が何であったのか、また、それが将校の行動にどのような影響を与えたのか、といった諸問題である。

まず第二〜四節で、生活難の実態やその背景を三つの観点から見ていくことにする。第五節では、彼らの心理構造の問題についてさらに考察を進める。最後に、より一般的な観点から考察をまとめることにする(第六節)。

第二節　昇進の停滞

第I部第一章でみたように、日清戦争後から大正初年まで(陸士・陸幼合わせて)平均すれば毎年約八〇〇人もの将校生徒が採用され続けた。そこには、現役将校を陸士出の将校によって補充し、下士上がりの将校をできるだけ作らないという、軍の方針が関わっていたことは、第I部第二章で述べた通りである。陸士出の将校の場合には、エリート意識やプライドも高く、また、現実問題として、下士官上がりの将校とは異なって、彼らを少尉や中尉で馘首することは非常に難しい問題をはらんでいた。

ともあれ、そうした大量採用の結果、一八九七年と一九〇七年との将校の年齢構成を比較した図1・1で明らかなように、年齢の若い陸士出の将校が大量に軍内に存在することとなった。しかしながら、軍隊の階級は、周知の通り、上に行くほど数が極端に少なくなるピラミッド状の構造をなしている。師団や官衙の増設等によってある程度、高級将校のポストは増加していったものの、絶対数でいえば、順調な昇進を果たせない者の数は増加していくことになった。それどころか、比率でいっても、順調な昇進を果たせる可能性自体が減少していった。昇進ルートの閉塞、昇進の停滞である。昇進の実態の変化を近似的に見るために、士官学校・陸士卒業生の中の将官輩出率を各期別にみると、表1・1のようになる。日清戦争後の大量採用の世代から、将官にまで達した者の割合が一気に低下したことがわかるであろう。

表1・1　陸士卒業生の将官昇進率の推移

陸士卒業年	1881～85	86～89	90～93	94～96	97～1900	01～04	05～08	（年）
陸士卒業生数	238	698	620	991	2624	2681	2627	（人）
将官輩出数	71	138	157	225	282	308	309	（人）
将官昇進率	29.8	19.8	25.3	22.7	10.7	11.5	11.8	（%）

＊卒業生数及び各期の将官輩出数は、外山操編『陸海軍将官人事総攬（陸軍編）』（芙蓉書房、1981年）の数字を用いた。将官輩出数は没後少将への昇進者も含む。

一九一〇年代に入ると、そうした大量採用のツケが、過剰将校の問題として顕在化してきた。すなわち、大量採用した世代が次第に淘汰されるべき年齢になってきたのである。

一九一六年にはもはや「中尉五七年、大尉十二三年と云ふ様なのは現在少しも珍しくは無い」[3]状況になっていた。当時は「少尉より中尉に進むには停年三分の二、抜擢三分の一、中尉より大尉に進むは停年、抜擢相半す。是を以て少尉と中尉は……抜擢を蒙らずとも停年の進むに従ひ、順次下より押し上られて大尉迄は進級する。大尉以上は悉く抜擢であるから、幾年暮すも抜擢を得ざれば進級は出来ない」[4]規定であった。

さらに数年後には「現在中尉から大尉に進むには早くも七年を要し、大尉から少佐に進むには八、九年から十年を要する。甚だしいものに成ると兵卒などから『桃栗三年柿八年、○○大尉は十三年』など、謡はれる気の毒千万な所謂万年大尉殿もあ」[5]り「将来は余程の優秀者でない限り、大尉級から頭を出して佐官級に入り更に将官に進むのは甚だ困難であつて、普通以上の手腕力量を持ち運好く行つた者でも動もすれば少佐、中佐で予備役に編入され、其れなりけりで一生を終らなければならぬ」[6]といわれるほどまでになっていた。

また、当時の大尉の定限年齢は四八歳、少佐のそれは五〇歳であったけれども、実際には、「定限年齢に達する少くも数年以前に於て、馘首を蒙るもの最も多い実況であ」った。[7]一昔前のように、陸士出の将校は普通に勤務していれば、少なくとも中佐や大佐までは進級できたような、そういった時代は終わりを告げ、うまく抜擢進級されなければ、中尉・大尉に長い間とどめおかれて、四〇代半ばに大尉や少佐で待命辞令を受け取り、間もなく予備役に編入されてしまうような時代になっていたのである。[8]

こうした人材の過剰、昇進ルートの閉塞状況に対し、当局がとることのできる方策として、主に三つがありえた。

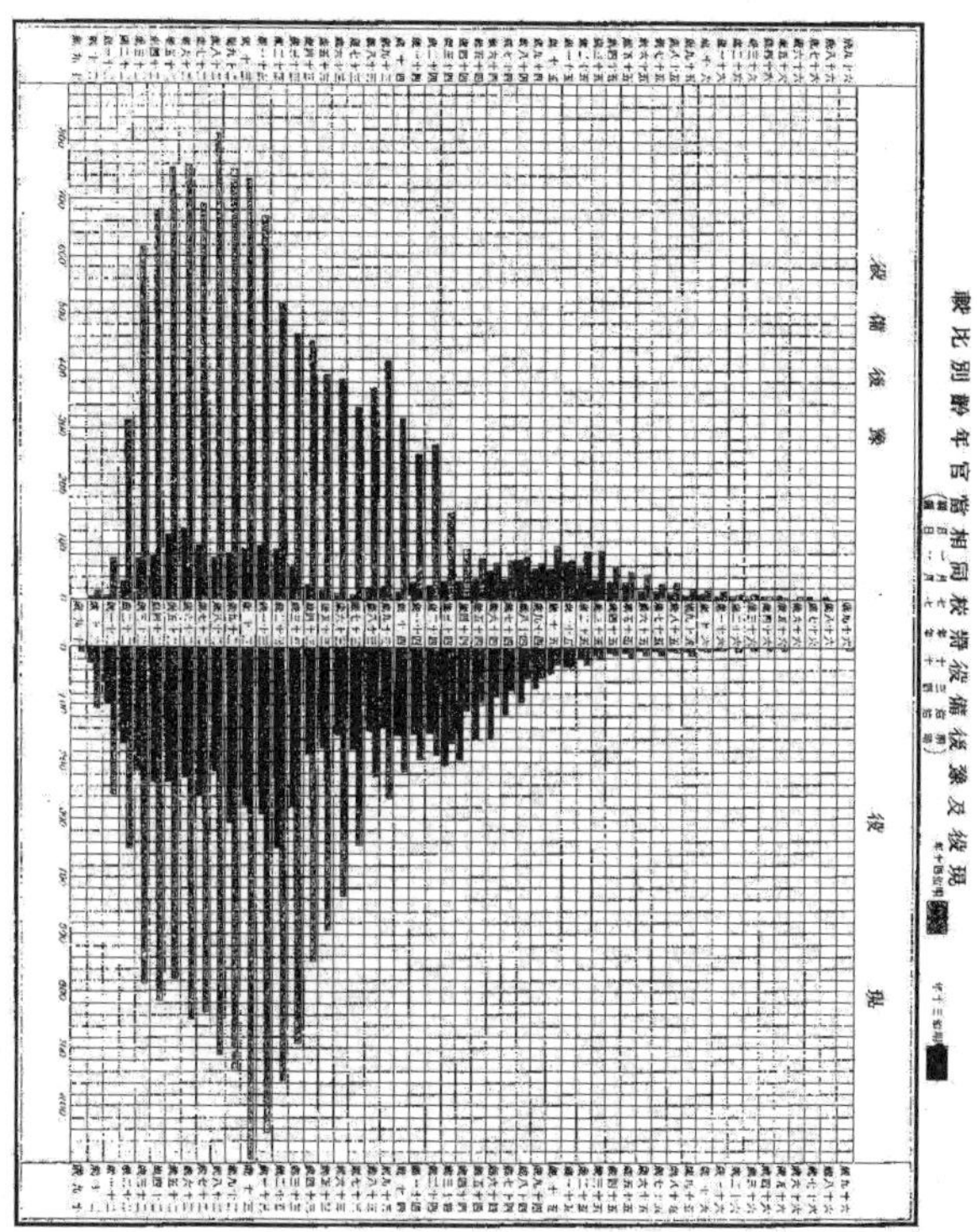

図1・1　現役及び予後備役将校同相当官年齢別比較
＊『陸軍省第18回統計年報』より。

一つは、たとえば「少佐の仕事を中佐に、中佐の仕事を大佐に、大佐の仕事を少将にと、逐次上級者をして、下級者の職務を執らせる」[9]ような、人事配置上の対応策である。第二に、上級者の淘汰や、上・下級者の大量馘首によって、昇進ルートを開放的にしたり、競争を緩和するという方策である。最後に挙げられるのは、進級できないままでいる者への給与の改善である。給与の改善の問題は次節であらためて論じるとして、本節では、第一、第二の方策について検討していこう。

人事配置上の対応策としては、二つのやり方が存在した。一つは、「最近人事行政行詰の結果、陸軍全般に官職充当階級を向上せしめてゐる。例へば歩兵連隊長が大中佐より大佐に、連隊副官が大尉より少佐に大隊副官が中尉より大尉に、陸軍士官学校長が少将より中将に、連隊区司令官が少佐より大中佐にといふやうに、目白推しに上がつてゐるのである」[10]というような、官職充当階級を上昇させることである。もう一つは、師団司令部附少将や連隊附中佐のようなポストの新設や連隊附少佐の増員のような、各単位ごとに人数が定められた定員をそれぞれ増加させることである。

しかしながら、官職充当階級を上昇させたり、各単位の定員を増加させたりするこのような当局の方策は、確かに過剰将校の問題緩和に役立ったであろうが、同時に、財政上の観点から、こういう冗員・冗費を節減すべきだという批判をあびることにもなった。

一九二四年の『日本及日本人』には、西崎順太郎による「陸軍の過剰将校」と題した記事が掲載されている。[11] 彼は、連隊・旅団・師団の将校の定員に関して、一九〇七（明治四〇）年と一九二四年とを比較して、いかに高級将校の配置が増加したかを示し、そうした冗員を整理する必要があると論じている。たとえば、連隊についていうと、一九〇七年の定員表では、連隊長が大佐一人、連隊附中佐なし、連隊附少佐一人、連隊副官は大尉一人と定められていた。ところが、その後定員が増やされ、一九二四年には、連隊長大佐一人、連隊附中佐二人、連隊附少佐二人、連隊副官として少佐又は大尉一人となった。[12]

官職充当階級の上昇（連隊の例でいうと、従来大尉がついていた連隊副官が「少佐又は大尉」まで引き上げられた）と定員の増加とが、連隊・旅団・師団といった各レベルで見られたわけである。西崎は、「当局をして言はしめば、苦しい弁解もあらうが、要するに停年順に依つて一率（ママ）平等の進級をなさしむるため、此の結果を見るの已むなきに至つたのである」[13]と、人事政策の欠陥だと断じる。「明治四十年は日露戦争間も無き時で、陸軍は将校が過剰し、戦前に比し団体附将校が遥かに増加した、然るに爾後、師団附少将といふ閑職、連隊附中佐などいふ無職同様のものが二人まで置かれ、其他無事に苦しむ将校が彼処にも此処にもウヨ〳〵して居る」[14]ではないか、というのである。

ただし、中には、このような定員の増加や官職充当階級の上昇は、戦時動員にあたって新設される部隊の幹部を、できるだけ多くの現役将校によって組織しようという、陸軍当局の意図によるものだと弁護する者もいた。[15] しかし、そうした者でも、「師団司令部の窓から欠伸をしながら日脚の遅いのを喞って居る少将閣下は無論のこと、将校集会所で碁を打ちながら四時の鳴るのを待ち兼ねて居る連隊本部附中少佐や、朝の中一寸三十分許り書記の作製した書類に盲判を押した後は、雑談の種もない位に退屈して居る連隊区司令部附の佐尉官などは是非何とかして貰ひたい[16]」とか、「部内の軍人は進級の途の多いのを喜ぶであらうが、是れでは経費の嵩むのが当然である[17]」というように、何らかの改善を軍当局に要求していた。しかしその後も、「従五位勲三等給三百円の過剰中佐が、中少尉にて充分間に合ふ簡易業務に従事する現状[18]」と、それに対して人事配置の適正化、冗員の整理を要求する主張とは、満州事変直後の時期まで続いていった。

軍備拡大によるポスト増が見込めない状況での昇進ルートの閉塞、冗員の増加に対する第二番目の方策は、それら冗員の整理・馘首であった。少尉・中尉のような若手将校からすれば、滞っている年長世代が一掃されることは昇進の可能性を拡大するわけで、整理・馘首に賛成の者もいたかもしれないが、馘首の対象になりそうな者にとってはそれはまさに重要な死活問題であり、根強い反対が存在していた。

しかしながら、冗員の増加は軍事予算中の人件費の比率を高め、他の支出部門にしわ寄せが及ぶために、軍当局としても冗員の整理はある意味で望ましいものであった。このことは、宇垣軍縮の際、削減された人件費によって捻出された部分が、装備の近代化に充てられたことに端的に示されている。軍内の抵抗や反発をおさえて、軍縮を要求する政治的な圧力が引きがねとなって、冗員の整理・馘首は実行に移されていった。

まず、一九二二年に、それまで四個中隊編制であった歩兵大隊を三個中隊に縮小するなどのいわゆる山梨軍縮が行なわれ、約五個師団分が縮減され、将校も少佐クラスを最多として一〇〇〇人以上が整理された[19]。さらに一九二五年には四個師団の廃止など、いわゆる宇垣軍縮が行なわれた。これは航空兵科の新設、戦車隊の編制、平時の人員を減らす代わりに、軍の装備の近代化をはかったもので、多くの将校が整理され、山梨軍縮と合わせて二五〇〇人ほどにのぼった[20]。また同年四月の陸軍現役将校学校配属令（勅令第一三五号）により、同年末には一一六七人の将校が現役のまま、中等以上の学校で軍事教練に携わることになった[21]。

しかしながら、こうした人員整理にもかかわらず、昇進の停滞は十分には解消されなかった。一九三一年の読売新聞は、文武官の昇進の速度の差について「進級に於いては奏任一等級（大佐級）になるまでに平均年数文官十九年海軍二十四年陸軍二十九年等の開きがある」[22]と報じている。満州事変の直前の様子を『停年名簿』[23]で調べてみると、少佐では日露戦争中に大量採用した第一九期生が最古参にまだ残っていたし、大尉では明治末年に陸士に入校した第二六期生までの者が四〇三人もその階級にとどまっていた（最古参は第二三期二人[24]）。

このような昇進の停滞の結果、いつまでたっても大尉ないし少佐の階級にとどめられ、しかも、以前なら下の階級の者がやっていた職務を担当させられる者も出てきた。彼らの仕事はいつまでたっても数十～数百人の兵卒の教育であったりするわけである。一九二九（昭和四）年に書かれた、老大尉・老少佐の悲哀を観察した文章を引用しよう。

　吾々は軍部の人々が口を開けば直に精兵主義を説くのを聞く。しかし大隊長格の少佐は現役定年五十年、中隊長格の大尉は四十八年である。五十年といへば、要するに人生五十年の終期なのだ。そして士官学校を了へて約三十年を経過したるべき筈である。そしてその預かるところの兵員に至つては僅かに三百名内外の大隊にすぎないのだ。それもよい。彼の老境はこれを奈何ともするに由がない。然も斯くの如き老少佐の大隊長は停年名簿の中に幾らも発見されるのである。中に最も悲惨なのは士卒の訓育に直接当たつている中隊長格の老大尉の群であらねばならぬ。四十歳内外の中隊長はその数の余りの多いのに驚嘆する外はないのである。[25]

　彼等にはまた如何に武士の高楊子を誇らんにも、ヒシ〴〵と迫る社会苦、生活苦の前には、愛児の成長を見るにつけても、私かにこれを憂ひ悩まぬものは無からう。斯くて士官学校の校門を出たる当時の精悍なる気宇、凜然たる豪毅の精神は、何日とはなし次第に萎微し消沈して行くことであらう。その四十を過ぎ、五十に近き老少佐、老大尉が、終日の演習に疲れ果て、トボ〴〵と兵を引率する可憐の姿を見るもの、決

して之を冷視することを許さぬであらう……[26]

「万年大尉、千年少佐」と呼ばれる老大尉、老少佐がごろごろしており、彼らはわずかの人数の部下を教育するために終日走り回り、しかも間もなくそのまま現役を退かねばならない日がやってきて、さほど豊かでない恩給生活を強いられることになるのである。

第三節　俸給水準の相対的低下

1　将校の俸給水準

陸軍将校の俸給の水準は、全体として見れば、決して悪くはなかった。しかしながら、二つの点で、大正中期〜昭和初期の将校たちは俸給水準の相対的低下を経験することになった。一つは大正後半期に顕著になった物価の上昇率に対する俸給の上昇率のズレである。もう一つは、昇進の停滞により下級将校が直面した「薄給」問題である。以下、本節ではこうした点を具体的な史料や数字から確認していくことにする。

陸軍将校の俸給の推移を見たものが、表1・2である。一九一〇（明治四三）年に改正された俸給表では、一八九三（明治二六）年以来の俸給額に比べて、少尉から大将までの格差が若干小さくなり、少尉の年俸四八〇円という給与は、帝大卒業生の初任給と比べて優るとも劣らないものであった。[27]陸軍将校は、二〇歳そこそこで奏任官の列に加わり、し

表1・2　陸軍将校の俸給の推移

	少尉	中尉	大尉	少佐	中佐	大佐	少将	中将	大将
1890 年 3 月(a) 勅令第 67 号	396	468 516	660 708	1,152	1,752	2,352	3,150	4,000	6,000
1910 年 3 月(b) 勅令第 142 号	480	552 684	900 1,080 1,260	1,548	2,196	2,940	3,900	5,000	7,500
1918 年 9 月 陸達第 39 号	本俸年額 2,000 円以下の奏任官は俸給の 2 割 5 分を臨時手当として支給 本俸年額 900 円未満の者は俸給の 4 割を臨時手当として支給								
1919 年 4 月 陸達第 25 号	少将・中将は俸給の 3 割を、中佐・大佐は俸給の 4 割を臨時手当として支給 少佐以下は俸給の 5 割を臨時手当として支給								
1920 年 8 月(c) 勅令第 264 号	850	1,020 1,200	1,600 1,800 2,100	2,600	3,600	4,600	5,600	6,500	7,500
1931 年 5 月 (d) 勅令第 103 号	850	1,020 1,130	1,470 1,650 1,900	2,330	3,220	4,150	5,000	5,800	6,600

*(a) 俸給と職務俸（甲）を加算したもの。職務俸の区分（甲〜丙）の適用については、1890 年勅令第 67 号（陸軍給与令）第 8 条で定めてある。

(b) 以後は「在職俸」として従来の俸給と職務俸が一本化された。また、このほか、宅料として若干の手当が支給された。1910 年代でいえば、宅料は月額で少尉 3.5 円、中尉 4 円、……中将 18.75 円、大将 25 円であった。

(c) 宅料は廃止され、俸給に一本化された。

(d) 以後、敗戦時まで変更なし。

(e) 同一階級に複数の数字があるのは、一等給・二等給など、複数の段階に分けられていたもの。『法令全書』『官報』及び『自明治三十七年至大正十五年　陸軍省沿革史』などから作成。

かも帝大卒にひけをとらない高給を受け取ることができたのである。

ところが、第一次大戦の影響により物価が上昇し、それにもかかわらず官吏の俸給はしばらく据え置かれたため、現役将校、特に尉官級の将校の生活は相対的に苦しくなった。[28]ようやく、一九一八（大正七）年九月には、本俸の年額が二〇〇〇円以下[29]の奏任官には俸給の二割五分、年額九〇〇円未満の者には四割が臨時手当として支給されるようになり、[30]さらに翌年四月には、少将・中将には三割、中佐・大佐には四割、少佐以下は五割の臨時手当が支給されることになった。[31]また、一九一九年四月には「予算ノ増額ニ伴ヒ准士官以上ノ俸給各等級給与人員ノ率ヲ増[32]」す措置が取られ、古参の中尉や大尉の俸給における等級の上昇の枠が若干拡大された。しかし、そうした一連の施策で将校が手にできたのは、物価の上昇率から比べるとはるかに少ない増加額であった。

一九一九年、大隈重信は「何としても現在の物価を標準として適当の生活を為しうる丈の、即ち士官としての地位を保つに必要な丈の待遇を与へる様に其俸給額を改めなければならぬ。国家にして是丈の義務を怠れば、人情として国民の軍人の地位を忌避することは已み難く、されば凡庸の徒のみ集まつて士官となることも亦余儀無き自然の結果と見なければならぬ[33]」と、軍人の給与が物価の上昇に無関係に据え置かれていることが軍人志願者の質の低下にも影響する、と警告を発している。

また、昇進の閉塞・遅滞がこの問題をさらに深刻にした。前節で述べたように、昇進の停滞が深刻になってくると、中尉や大尉に長くとどめおかれることになったため、階級に応じた俸給体系による限り、進級が遅れると、それはいつまでたっても俸給が増加しないことを意味した。一九二〇年にある青年将校が匿名で新聞に寄稿して次のように述べている。「我々の毎月実際手に入る収入は少尉六十円、中尉七十円（一等中尉八十円）である。高等学校程度の学生すら六七十円はかゝる。収入増加の道は昇進の外ないが、今日の状態では、少尉三四年中尉八九年勤めてやつと大尉になる。古参中尉は已に三十余歳、妻帯の必要もある。是れでどうして一家の活計が出来ようか。上官は我々に奢侈に流る勿れと訓戒するが、是はお門違ひの小言である。……政府は……国軍士気の根源たる我々階級の待遇に就き、余りに冷淡である。斯かる状態に放任せば将来軍隊の士気に悲しむべき影響が来りはせぬか。……戦は腹が減つては出来ぬ。正八位や従七位ではひもじい腹は膨れない[34]」。なかなか昇進できないから俸給も上がらない、位階勲等だけ高くても経済生活は惨めだ、というわけである。

そうした中、ようやく一九二〇（大正九）年八月の勅令第二六四号により、俸給表が改正され、一九一〇年の俸給額に比べて少尉では一・七七倍、少佐で一・六八倍まで増額された。しかし、その間に消費者物価は二・一八倍にものぼっており[35]、所得の相対的な低下は改善されなかった。大正末の新聞では「下級将校（大中少尉）の待遇が貧弱なることは天下周知の事実[36]」と書かれるほどであった。

その後は、一九三一（昭和六）年五月の官吏減俸令により、中尉一等給以上は若干減額され、その俸給額で敗戦まで続いていった。

ここまで、俸給額の歴史的な推移をたどってきたが、将校の社会経済的位置について考えるためには、もう一方で、当時の社会の中で将校の俸給水準がどのあたりに位置したのかを考慮する必要がある。すなわち、社会全体の所得分布において将校が占める位置の問題である。尉官の「薄給」が問題になったことは前項でみたが、実は、表1・2に示した彼らの俸給額は、当時の社会全体からいえばかなりの高収入であった。明らかに将校は「貧しい」とはいえなかった。しかし、問題は、豊かな社会諸階層の中のどのあたりに位置していたのかということである。教育の中で天皇への距離の近さが強調され「国軍の楨幹」としてのエリート意識を持っていた将校たち（第Ⅱ部第三章参照）は、果たして彼らのプライドに見あった高い所得階層に属していたのかどうかということである。

さて、昇進の停滞により老齢者が増加した大尉～少佐クラスをとりだして、彼らの俸給の推移を見ておくことからはじめよう。大尉の二等給でいえば、一九一〇年～一八年八月は年俸一〇八〇円（月額九〇円）、一九一八年九月～一九年三月は臨時増給により年俸一三四〇円（月額一〇二・五円）、一九一九年四月～二〇年七月は再び臨時増給により年俸一六二〇円（月額一三五円）、一九二〇年八月～三一年五月が年俸一八〇〇円（月額一五〇円）、それ以降が年俸一六五〇円（月額一三七・五円）となる。同様に大尉の一等給の俸給推移を示せば、一二六〇円→一五七五円→一八九〇円→二一〇〇円→一九〇〇円、少佐では、一五四八円→一九三五円→二三二二円→二六〇〇円→二三三〇円となる。

これらのうち、大正末期の二等給の大尉の家計の例を掲げてみた（表1・3）。事例1は、家族五人の二等給大尉の一ヶ月の家計である。これは、大尉の薄給でもきちんと家計がやり繰りできる、ということを示すために自分の家計を示したもので、もっと派手な生活をしたらたちまち赤字がでる額であったという。事例2は、夫婦と親一人の三人暮らしであるが、支出が収入を二七円弱上回っている。将校としての対面を保つための支出や、交際費や軍装品（将校には官給されない）など、将校は社交や服装や装備にかなりの出費が多く、中尉や大尉の古参には、なかなか貯金に回せる家計の余裕がなかったといえるかもしれない。

いくつかのデータを参照しながら、他の職業や所得階層と比較してみよう。まず、表1・4は、一九二二年九月の東京およびその周辺に居住する「中等階級」に関する調査から職業別収入分布をみたものである。当時の陸軍中尉が月額八三・三円（二等給）または一〇〇円（一等給）、大尉では一三三・三円（三等給）〜一七五円（一等給）、少佐で二一六・七円である。中尉クラスの収入で平均的な電車従業員・警察や職工と同程度かやや良い程度、大尉クラスで中等教員程度ということになるであろうか。また、この表で重要なことは、会社員や銀行員の中には大尉や少佐クラスよりも高給を得ていた者が少なからずいたことである。古参の大尉や少佐は、この時期にはもはや、民間企業で出世した同年齢の俸給生活者よりも収入が低くなってしまっていたのである。この時期には、若い将校の多くが早めに軍職に見切りをつけて「会社銀行員、及其の他の事務員、技術家、教師、記

表1・3　大正末期の二等給大尉の家計

事例1　(家族5人)(a)		事例2　(家族3人)(b)	
収入　150円(月額)		収入　150円(月額)	
支出		支出	
家賃	40.0	家賃	40.0
米	19.2	米(三斗)	13.2
野菜	5.0	副食物	30.0
肉肴	10.0	調味品	2.0
味噌等	4.0	薪炭	9.0
瓦斯代	3.0	電燈代	2.0
電燈代	1.6	嗜好品	5.0
新聞代(2紙)	1.7	所得税	3.0
雑誌	1.5	町費	1.0
電車賃	4.0	電車代	3.0
接待費	10.0	交際費	5.0
子供学費	2.0	小遣(夫婦及女親ト三人分)	25.0
入浴	3.3	風呂代	4.5
薬代	3.0	読書費	3.0
弁当代	6.5	雑費	3.0
子供菓子代	5.0	保険費	4.0
軍装品差引	10.0	公費引去	10.0
通信費	3.0	被服費	7.0
軍用図書	1.5	同家族ノ分	7.0
租税	2.0		
煙草	4.5		
偕行社費	0.8		
義助会	0.8		
奉職所費	4.5(c)		
支出合計	146.9円	支出合計	176.7円

*(a)　剛直生「現役将校の衿持」『偕行社記事』第602号、1924年11月。

(b)　『大正十三年三月制度調査ニ関スル書類』中「在京某連隊ニ於ケル少佐以下ノ生活状態」

(c)　原史料は0.45だが、支出合計額からみて、4.5の誤記と思われる。

表1・4　1922年東京及びその近接町村における職業別収入分布

(月額平均)	官吏	公吏	警察	中等教員	小学教員	会社員	銀行員	電車従業員	職工	雑
60円未満	3	3	7	—	1	2	1	—	41	9
60-80	48	11	91	1	21	11	3	41	75	12
80-100	77	37	61	14	48	28	6	50	50	27
100-120	53	22	17	20	46	15	3	33	24	12
120-150	37	22	8	29	58	42	10	12	13	15
150-200	32	13	5	24	29	38	17	4	1	21
200-250	9	7	3	7	11	19	14	—	2	8
250-300	1	1	1	—	—	8	1	—	—	2
300円以上	1	—	—	—	—	5	3	—	—	—
計	261	116	193	95	214	168	58	140	206	106(戸)
世帯主本業収入率	92.3	86.3	91.5	90.7	89.0	90.6	93.0	89.6	79.1	86.3(%)

＊東京府社会課『東京市及近接町村中等階級住宅調査』1922年9月調、23年5月刊行、第4表より作成。

者」[37]等に第二の人生を求めていっているが、その理由の一つには、陸軍将校の俸給額が、少なくとも他の職業に対してかつてほど魅力のあるものではなくなったこと、さらには往々にして、他の一群の職業に比べて劣る場合すらあるようになったことがあったのではないかと思われる。

次に、一九三一（昭和六）年三〜四月に東京市の職員を対象とした生計調査から、年俸者と月俸者のみをとりだしてみたのが、表1・5である。年俸者は市長と三助役を除いた三〇〇人あまりで、具体的には収入役や区長・局長・主事・区主事・技師・区技師・視学その他である。月俸者は、三六八九人で、事務員・技手・医員・区書記・区技手・区書記補・

表1・5　東京市職員の俸給（月額）別人数（年俸者、月俸者）

	60円未満	60～100円	100～120円	120～160円	160～200円	200円以上
年俸者（人）	0	0	0	56	107	144
月俸者（人）	190	2,015	811	584	75	14
計（人）	190	2,015	811	640	182	158
陸軍将校の俸給額(月額)		陸軍中尉（二等給）85円 陸軍少尉 70.8円	陸軍中尉（一等給）100円	陸軍大尉（二等給）150円	陸軍大尉（一等給）175円	陸軍少佐 217.5円 陸軍中佐 300円

＊(a)　東京市職員については、『東京市在職者生計調査』（1931年4月実施）による。

(b)　調査対象は市長、三助役を除く3万230人であるが、雇員、傭員を除いたもののみを掲げた。

(c)　陸軍将校の俸給は表1・1による。

清掃監視・運転手・税務調査員・水道検査員・看護婦長・助産婦長その他である。[38] 俸給額からいうと少佐クラスに相当する月額二〇〇円以上を得ていた者は、全体のわずか三・九%にとどまっている。大尉クラスに相当する月額一六〇～二〇〇円を得ていた者も四・五%にすぎない。しかしこれは、学歴も職階も低い月俸者の人数が膨大であるためであって、年俸制をとる「主事」「技師」以上の上級職員でみれば、四六%が月額二〇〇円以上を占めている。彼らの所得平均は三四九円である。ここからわかるのは、東京市や区の上級職員よりも、昇進できないで大尉や少佐にとどまり続けていた陸軍将校の方が、手にする俸給額が少なかったということである。

もう一つのデータを見ることにしよう。表1・6は、一九二〇年代初頭に所得分配統計の

表1・6　1918年における全国の所得分布（第三種所得のみ）

森本厚吉による貧富の標準		所得金額	戸数	
上流	上	20,000円以上	2,523	
	中	5,000〜20,000	21,032	
	下	3,000〜 5,000	27,584	
中流	上	2,000〜 3,000	42,026	戸以上
	下	1,000〜 2,000	159,745	
貧民	上	500〜 1,000	526,561	
	下	500円未満	9,683,339	戸以下

＊汐見三郎「所得分配統計を論じて森本博士に答ふ」『経済論叢』第12巻第3号。

分析をめぐって森本厚吉と論争をした汐見三郎が掲げている、一九一八年の全国の所得分布の様子である。ここで興味深いのは、第一に、この区分に従うと、当時の大尉や少佐は「中流の下」に区分されることになるという点である。中佐・大佐で「中の上」、少将になってはじめて「上流」に属することになる。

このように「上流」と「中流」という区分や「有産階級」と「中産階級」という区分が、全人口中のごく一部の富裕層を二つに分ける区分として用いられていたとすれば、俸給生活者としての陸軍将校は、将校であるだけで「上流」ないしは「有産階級」に属するわけではなく、途中で淘汰されずに昇進していった時にのみそういう地位に到達できたということになる。大尉や少佐で昇進もできずうろうろしている者は、高等官ではあっても、経済水準からいえば「中流」に属していたといえるであろう。

この点と係わってもう一つ興味深いのは、尉佐官級の将校が属する「中流」よりも上に、

表1・7　第三種所得納税額別人数の推移

所得額(円) ＼ 年	1900	1905	1910	1915	1920	1925	1925
						（人）	（戸）
10万以上	4	23	16	24	265	1,674	618
5万〜10万	29	70	104	140	833	3,759	1,516
3万〜5万	83	173	315	331	1,982	6,452	2,820
2万〜3万	123	278	516	766	3,613	9,559	4,611
1万5千〜2万	200	434	862	1,117	4,522	10,966	5,691
1万〜1万5千	637	1,426	2,413	2,919	10,908	25,210	13,823
5,000〜1万	3,212	6,579	10,922	13,547	46,950 a	92,607 a	58,223
3,000〜5,000	7,034 a	12,845 a	21,577 a	25,108 a	86,084bc	155,069bc	107,250
2,000〜3,000	11,539 b	20,234 b	33,801bc	38,688bc	138,637 d	210,963 d	153,746
1,000〜2,000	45,243cd	76,320cd	129,630 d	150,808 d	577,542	844,371	637,781

＊武官俸給額——少将＝a、大佐＝b、中佐＝c、少佐＝d
（1）a〜bは、武官各階級の将校の俸給額が占める位置をあらわす（左に掲げたものを参照）。
（2）第三種所得納税額別人数および1925年の納税額別戸数は、土方成美「我国における所得の分布」『経済学論集』第7巻第3号（1928年）から引用。ただし1箇所誤植の数字を訂正しておいた。
（3）1920年から、個人に対する配当金の6割が課税対象として加算されている。

「上流」に属する家が五万戸あまりもあったということである。しかもこの表は第三種所得のみの統計数値を扱ったものであり、汐見が指摘しているように、この数は株式・公債・社債等の動産から受ける所得（一九一八年には全個人所得の四六・七％も占める）を除外した数値なので、[39] もしそれを考慮にいれれば、年収二、三〇〇〇円よりも富裕層に位置する層はもっと分厚く存在していたということができる。実際、汐見は一九一七年の大阪税務監督局のデータから、法人からの配当金や賞与金を第三種所得と合算した場合、同局管内の富裕な上層の戸数は数倍にもなることを示している。[40] すなわち、大正中期になると、俸給のみに頼る大尉や少佐よりも富裕な社会層が、かなり膨大に存在するようになっていたわけである。

第三種所得のみで区分した、全国の所得階層別人数の推移を見てみても（表1・7）このことがはっきりと読み取れる。一九〇〇（明治三三）年には、二〇〇〇円以上の所得を得ていた者は全国で二万三〇〇〇人弱しかおらず、二、三五二円の俸給（年額）を得ていた大佐はもちろん、一七五二円の中佐クラスでも、社会的にかなり上層にいたことがわかる。少佐（年額一一五二円）でも、第三種所得の額で上位七万人ほどのグループに属していたことになる。ところが、一九一五（大正四）年には、二〇〇〇円以上の所得階層は八万人にも達し（当時中佐の俸給は二一九六円、少佐は一五四八円）、一九二〇年以降は個人に対する配当金が第三種所得に対する課税計算に加えられたこともあって、一九二五年には、大佐や中佐が属する所得階層よりも上位に属する者（五〇〇〇円以上の所得者）が一五万人、少佐（年額二六〇〇円）が属する所得階層よりも上位に属する者（三〇〇〇円以上の所得者）を算出すると三〇万人にものぼっているのである。

一九二〇～三〇年代の『人事興信録』に、尉官級はおろか大佐でさえほとんど掲載されていない（大佐級の人物がまったく掲載されていないかどうかは未確認であるが）という事実は、今述べてきたことを例証している。すなわち、位階勲等で示される威信の構造とは異なる基準からいえば、ほとんどの将校は社会的に「名士」と見なされていなかったということである。[41]

2　給与改善案とその挫折

なぜ、こうした待遇問題が改善されなかったのであろうか。実は、将校の待遇、特に給与の改善に関しては抜本的な改善案が検討されたことがあった。一九二四年の制度調査委員会の史料から、その事情を窺うことができる。

制度調査委員会の幹事は、陸軍の俸給改善問題について、まず在京のある連隊を対象にして、二等卒から少佐までの生計状態を調べ、同年二月六日付で「在京某連隊ニ於ケル少佐以下ノ生活状態」と題する家計調査の結果をとりまとめた。そこでは結論として「下級将校特ニ少佐以下ノ待遇ハ速ニ之ヲ向上シ後顧ノ憂ナク護国ノ大任ニ尽瘁シ得シムルコト焦眉ノ急ナリトス」という「判決」がだされた。[42]

それをふまえて、委員会の幹事が給与改善案の大筋を、三月一三日付でまとめた。それは、従来のしくみを抜本的に変更する案であった。[43]将校の俸給制度に関する大きな変更点の中で注目されるのは、一つは「大佐級以下ノ俸給ハ官等ト分離シ等級制ニヨリ官等昇進ノ如何ニ係ラス遂次（ママ）俸給ヲ増加ス」と、階級によって固定されていた俸給額を、等級制によって融通のきくものに代え、年齢の上昇と共に逐次増給できるように考えられていたことである。「万年大尉」「千年少佐」でも勤務年数が増えるにつれて、次第に多くの給与を手にすることができるようにしようというものであった。そこには「官等ト俸給トハ之ヲ分離シ勤務年限ノ増加ニ伴ヒ逐次俸給ヲ増加セハ永ク下級ノ位置ニ留ルコトハ大ナル苦痛ニアラサルヘク併セテ進級ノ遅キ者ノ不平反感ハ緩和シ得ル一助トモナルヘシ」[44]と、進級の閉塞・遅滞という事態に対処するねらいが込められていた。

　また、同案には「最上級ヲ受ケ一定ノ年限ニ達シタルモノ並位置ノ関係上進級セシメサル者ニ対シテ加俸ヲ給ス」という方針も盛り込まれていた。これは「技術将校ノ如ク一定ノ専門的知識ヲ有スル者ハ永ク自己専門技術ノ研究ニ従事セシムルヲ得策トスル場合」に対処するためのものであった。

　具体的には、まず、少尉から大佐までの俸給を、一級から一五級の等級制とし（一五級が年額九〇〇円、一級が四、五〇〇円）、各官等に対する最下級俸を、中尉が一三級、大尉が一級……大佐が一級というように定める。そして上級俸給への昇級には最少期間を設ける。それは、九級までは一年ないし一年半、八級から四級までは尉官二年、佐官一年半、三級・二級からの昇級は尉官および少佐は二年、大中佐は一年半というものであった。また、五年以上一級俸を受けた者および「将官ニ進級スヘキ資格ヲ有スルモ位置ノ関係上将官ニ進級セシメサル者」については、五二〇〇円までを支給することができる、とされた。このように、官等によって固定された俸給体系をやめて、官等上は昇進しなくても、勤続し続けることで昇給する俸給体系が構想されたわけである。

この方針に沿って、具体的な俸給や各種手当の細かい金額や支給方法までを定めた膨大な案が作成された[45]（三月二七日）。「給与改善案ニ関スル説明要旨」によれば、総論として改善の必要性が次のように述べられていた。

現時我カ将校以下ノ士気思想ニ沈滞不振ノ状アルハ一般ノ認ムル所ニシテ其ノ原因固ヨリ一ニシテ足ラス社会ノ趨勢並軍縮ノ反響等亦其ノ一因タルヘシト雖而モ給与ノ菲薄カ其ノ最大原因タル事ノ殆ント疑ナキハ下級将校日常ノ談話ニ依リテモ之ヲ察知スルニ難カラス蓋シ生活ニ不安ヲ感スレハ従テ後顧ノ憂ヲ生シ其衣食住カ身分及位置ニ相当セサレハ従テ無力ノ情ヲ生シ演習等ニ際シ物質上地方民ノ厄介トナラサルヘカラサルカ如キ状態ニ在リテハ従テ卑屈ノ情ヲ生スルハ数ノ免レサル所ナリ果シテ然ラハ此ノ給与改善ハ国軍内容充実ノ第一ニ置カサルヘカラス[46]

現今の将校以下の士気や思想の沈滞の原因は何よりも給与の不十分さによるのであり、物質的な生活が「身分及位置」すなわち官等の高さに比例していないので「無力ノ情」や「卑屈ノ情」が蔓延している、それゆえ、国軍充実のためには何よりも給与改善が必要だ、というのである。

幹事はこの案を携えて、四月二二日の委員会に臨んだ[47]。ところが、幹事の準備空しく、具体的な内容の是非についての論議に入らないまま、この案はあっさりと棚上げにされてしまった。その結果、等級制の導入という抜本的な改革案を含めた下級将校の俸給の改善案は、結局日の目を見ることなく、書類の山の奥に埋もれてしまうことになった。

議事録を見てみよう。[48] 幹事長が原案について説明したところ、委員長がすぐに、「本問題ハ世間ノ疑惑ヲ受クルノミナラス法制局ニ於テモ問題トナリ成否疑ハシ故ニ万止ムヲ得サルモノノミニ止メサルヘカラス」と改善案に消極的な態度を表明し、「給与問題ニ就テハ特ニ厳秘ヲ要求ス」と述べた。その言い分はこうである。「国家ノ財政窮乏セハ官吏ノ俸給増加ハ自ラ困難ナリ此際中産階級カ不平ヲ唱フルコトハ大ニ考ヘサルヘカラス」。また、昨年（一九二三年）の関東大震災の結果、陸軍では多数の労働者を馘首せざるをえなくなっており、彼ら労働者の中には「財政ニ余裕ナケレハ現役者ノ俸給ヲ減スルモ我等ヲ救助スヘシトサヘ主張スルモノ」もいる。そういう状況下で俸給増額の動きが明らかになれば「下ノモノニ大ナル衝動ヲ与フルノ虞ア」るというのである。

次に黒沢準少将（参謀本部第一部長）が口を開いた。「一般感想トシテ（この改善案では）経費多額ニシテ到底実現不可能ナリ」と。長谷川直敏少将（人事局長）も同意見で、俸給に要する経費はさらに増加していくし、それに伴い恩給額も増加するという点を指摘した。三井主計総監も、「一般ノ空気ヨリ俸給増額ハ困難ナリ」と本案の保留を望んだ。

それに対し、幹事が「給与改善ハ目下ノ急務」であるから、「兎ニ角一応御審議ヲ」お願いしたいと述べたが、委員長が「何人モ給与改善ニハ異論ナカランモ陸軍カ師団迄モ廃シテ内容ヲ充実セントスル今日此全部ヲ詳細ニ審議スルハ無用ニアラスヤ」と述べ、さらに「今日陸軍ノ為此種ノコトニ金ヲ使用スルハ大ニ考慮ヲ要ス」とつけ加えた。結局、特別委員会を作って緊急に改善すべき項目を決定し、それについていずれ審議することとし、長谷川少将がその委員長に、軍事課、経理局、医務局と幹事からの若干名が委員になって、検討していくことになった。大正末の制度調査委員会の幹事が構想した、俸給体系の全面的な改革構想はこうして挫折した。

ここで俸給体系の改善案が挫折したのには、二つの配慮が働いていたことがわかる。そこでは、(1)給与改善が軍内外からの批判をあびるであろうことが懸念されていた。実際、当時労働運動が盛り上がりを見せていたことや、俸給生活者の運動が登場してきていたことを考えるならば、また、恩給亡国論が登場して官吏の給与や恩給への財政支出の多さが問題になっていたことを考えるならば、俸給体系の改善案がもし実施されたとすると、非常に大きな世論からの批判をあびることになったであろう。

また、(2)軍縮による予算削減の中で、給与の改善よりもむしろ軍事力の保持や充実に重点をおくべきであるという志向性が強く働いていた。第一次大戦による軍事技術の飛躍的革新の結果、焦眉の課題となった軍備の近代化の必要性や、軍縮に伴う戦力の低下をどう埋めるかという問題は、予算配分のうえで、過剰将校や将校の生活難のような問題を後回しにせざるをえないように作用したのである。

3　俸給生活者としての将校

文官や一般の俸給生活者に比べて、一般に陸軍将校は退職年齢が早かった。その意味では、官等や給与面で急カーブを描いて上昇する文官や、少なくとも将校よりはかなり長く勤め続けることのできる一般の俸給生活者（もちろん高等教育を受けた層についてであるが）に比べて、陸軍将校の経済生活にはある種の不安定さがつきまとっていたといえるかもしれない。しかも、文官の場合、天下りや再就職の道が開けていたのに対し、将校は再就職が難しかった（次節参照）。昇進競争から取り残されたら、四〇代半ばで退職し、恩給生活へ入ることを覚悟しなければならなかった。

佐藤鋼次郎は一九二二年に、軍人の位階勲等の厚遇とはうらはらな俸給上の冷遇を評して、今や大将が市の助役よりもみじめな生活をしていると述べているが[49]、これは誇張であるにしても、大尉や少佐から上へ昇進できないような場合には、彼らの位階勲等上の高さと、実際の彼らの経済生活のレベルとの間には大きなズレが生じていたということができる。また、同様の主張は、一九二四年の制度調査委員会の給与改善案の説明でもなされていた。しかし、結局のところ具体的な改善はなされないままに昭和を迎えることになったのである。問題の根本には、前節で述べた昇進の停滞という構造が存在していた。将校の俸給の問題――特に下級将校の薄給の問題――は大正中期には陸軍内外で盛んに論じられた。しかし、若干の増俸はあったものの、階級に対応した俸給制度が堅持されていったため、昇進の停滞が引き続くかぎり下級将校にとっては、薄給の問題がつきまとった。彼らは、経済的にゆとりある生活をめざすためには、狭い昇進ルートを勝ち上がることしか方法はなかったのである。

第四節　退職将校の生活難問題

退職した在郷将校は恩給に頼っているだけに、経済的問題はより深刻であった。すでに、一九一三年に『太陽』誌上で、ある予備役陸軍少将が「将校は一旦其職を失へば特に資産のあらざる限りは憫然たる境遇に陥る」[50]ので、進級をスムーズにする手段を講じて欲しいと当局に要望していた。しかしながら、彼が具体的に提案しているのは、停年を短くするとともに、現役定限年齢を引き下げるというものであったから、進級の促進の要望は、同時に、早期退職者の増加を意味するものでしかなかった。

この提案の直後に始まった第一次大戦により、急速に物価が上昇していった。それは、恩給生活者たる在郷将校の生活を直撃した。一九一八年に『日本及日本人』誌上で、ある海軍大佐が「物価暴騰に基づく軍人生活の惨状」を書き記している。[51]彼にいわせると、軍人は終身官とはいいながら「其の実は力士に次ぎて最も寿命の短かい職業である」。陸海軍で採用した将校生徒中「少くも其の七八割は四十歳より五十歳迄の間に於て、老朽若くは無能の故を以て予備役に押し込まるゝのである。中には三十台にて御暇の出るのもあ」って、彼らは「働き盛り稼ぎ盛り」の年齢で世間に放りだされるわけである。しかも「今更新たなる運命を開拓するには遅く、左ればとて僅か許りの恩給では生活が出来ず、商売するには資本がない。パンの為已むを得ず節を屈して随分卑低なる職業に従事して居るものも尠くない。今や在郷将校なるものは、崛強なる身体を持ちながら全国到る処にゴロ〳〵して、所謂貧しき高等遊民の一団を作つて居る。而かも其の数は年々増加しつゝある」。彼らは「貧しき高等遊民」となっているというのである。

第一次大戦時の物価の上昇に対して、退職将校の恩給は、一九二〇年に最低二割、最高七割増額された。[52] しかし、物価は世界大戦直前に比べて約二・四倍（一九一三〜二〇年、都市）に上昇していたから、[53] 恩給生活者にとっては、「生活難は僅かに其幾分かを軽減されたと云ふに過ぎな」[54]かった。『偕行社記事』への投書は、次のように述べて退職将校の生活難を訴えた。

A少佐は待命となると、其日に馬の背に馬具一式を乗せて、百円なにがしで売り飛ばした。中には一ケ月前に買つた新しい鞍もあつたさうだ。一日置けば一日食わさねばならぬといふので、其日の内に口を見付けてこんな安値で売り払つた。[55]

B大尉は隊を退くと翌くる日法被股引で隊へ豆腐を売りに行つたといふことである。事は甚だ皮肉である。しかしかうして翌くる日からも働いて食はうといふ心配は哀れにも亦勇ましいと思ふ。一体退職といふ変動に逢うて、忽ちにも生活の状態を一変するといふことは容易なことではない。学校に行つてゐる子供を退学さして小僧にやるといふほどでなければ実際困る人があるかも知れぬ。[56]

退職将校の経済的窮迫を伝える記事は、しばしば新聞に取り上げられた。「或師団長の未亡人で裏長屋に住んで居て粥も啜れない憐れな実話も聞いて居る」[57]とか、「木賃宿生活から労働者の群に投じて日給五十銭を得て居る」大佐や、「親子共に袋を貼つて辛くも生計を繫いで居る」少佐や、「府下の村役場に納税切符の配達小使となつて居る」少佐等々である。[58]

こうした極端な例は、陸軍当局や政治家や世論に訴えるためにわざわざ持ちだされた、例外的な事例にすぎないかもしれない。しかし、いずれにせよ「佐尉官級の予後備軍人は食はねばならぬ今日の物価騰貴から体裁も見得も一切を投捨て丶様々な職業に転じて行く者が多くなつた」[59]ことは確かであろう。

一九二三年四月には、従来文官・武官・教員・警察監獄職員やその遺族に関して別々に規定されていた、恩給や扶助料に関するさまざまな法規を整理統合した恩給法が制定された（法律第四八号）。この法は各種公務員間の在職年の通算を原則とするなど、恩給制度の統合整備を主目的として法案が作られたが、衆議院における修正により大幅な増額を伴うものとして成立、施行されることになった。[60]

この法律によって、たしかに以前に比べて恩給等は、ある程度増額された。たとえば、定限年齢の数年前に待命が申し渡されるとして、通算二八年間在職して少佐で退職した場合、受け取る一般恩給は年額一四四九円、月額一二一円弱であり、もし当人が死亡して遺族が扶助料を受け取る場合には、その半額となる計算になる。通算二五年在職して大尉で退職した場合には、恩給額は月額八四円弱となった。[61] これらの金額は、当時の国民生活の平均水準からいえば、かなり良かったといえる。しかし、四〇代半ばで職を失い、在郷将校としての名誉と体面を保ちながら家族を養っていく額としては、いささか不安なものであった。

しかも、進級の停滞は退職後の不安を一層深刻にした。第二節で述べたように、この時期になってくると進級が停滞してきたために、以前とは異なって、大尉や少佐で現役を終える者が増えてきた。確かに、将官クラスであれば、現役時代の高給とかなり高額の恩給とで、豊かな退職後の暮らしを享受できた。[62] しかし、「予後備の大尉は恩給の月額が僅に三十円余り、どうしたつて食つて行かれない[63]」というように、佐尉官級で退職した将校は、ていたからである[64]。

苦しい生活を余儀なくされた。恩給額も俸給と同様に、階級によって大きな差がつけられていたからである[64]。

しかもそのうえ、働き盛りの年齢で退職せざるをえなかった彼らにとって、再就職はなかなか難しかった。それは准士官や下士が退職後かなり速やかに再就職しているのと対照的であった[65]。というのも、「極端な階級生活をした将校が、社会へ入っては、旨くバツを合して行けなくて昔の身分が頭を出して何かにつけて人の感情を害する[66]」ことも多かったし、社会の役立つ知識や技能の持ち合わせもなかった。しかも、それまでの奏任官や勅任官としてのプライドのゆえに、どんな職業にでもつくというわけにもなかなかいかなかった。それはちょうど明治維新後の上級武士の様子とよく似ていた[67]。現役を退いたある歩兵大尉の述懐は、そのような将校たちの心理を的確にあらわしている。

私共は、軍国主義旺盛時代の教育を受けたものでありますから、永年社会とは没交渉にて、胸中に植ゑつけられたものは、軍人精神と「右向け」「前へ」の軍隊的挙動のみで、世間の事は、何にも知らぬ。社交は下手である、位階勲等の恩典に対し、車夫、馬丁となる事も出来ぬ。世の落伍者であります。軍人の古手が世に用ひられず、体操先生にて終るも、亦已むなき哉で、過去軍隊教育の因果応報、是れも前世の約束かなと、禅味を気取つて居るの外はありませぬ[68]。

元将校の新聞記者中尾龍夫は、現役を退いた元将校に適切な勤め口がいかにないかを、本郷連隊区司令部から回章として配付された就職口一覧の例を挙げて示している。そこでは、「沖縄若くは台湾の小学教師、青森或は北海道の山林監視、北海道にある中等学校の体操教師、無名会社の工場監視若くは職工取締などと云ふのが目星い所で、手当は二十五円位から八十円止まりだ。時に比較的優遇するなと思ふやうなのは人里離れた山奥で狐狸を相手に暮らすことを要件としてゐる。……。尤も巡査や車掌なら年中募集しているが仮りに本人は忍ぶとして従五位の巡査や勲三等の車掌と来ては警視庁や電気局で面喰ふであらう。兎に角軍人の古手が世間に出て適当な職を求めることは事実上困難なことだ[69]」というのである。

鐘淵紡績の社長になり、実業同志会の会長として政界でも活躍した武藤山治も、一九二〇年に『軍人優遇論』という本の中で、在郷将校の再就職の難しさを、次のように書いている。「今では普通体操と兵式体操とを併せて一科の免状を授くることに為つて居るが為に、(現役を離れた将校は)普通体操の試験に合格せざる限り、其体操科の免状に対しても無資格である。されば予後備将校其儘でなれるものは単に兵式体操丈を担任する中等学校の助教諭心得と云ふやうなもので、其の月給の最高額は三十円を出でない……大尉以上に進んで予備に入つたものは、平均四十歳以上に達して居るが為めに、民間会社に於ても其の肩書きと年齢の関係上、大抵は敬遠して其人を採用しない。是が為に陸軍大佐にして三等郵便局長を勤めて居るものもあれば、陸軍大学の出身者で保険会社の一事務員に納まつて居るのもあり、或は大尉の肩書を有して産業組合の書記と為り、判任何等と云ふ郡書記吏員と為つて居るのもある。……何れにせよ彼等が軍服を脱いだ只の人として、一ケ月に得る所は如何に粉骨砕身しても、多くて三十五円、少くて二十円が相場である。栄枯盛衰は世の習ひと云ひ乍ら、快馬長剣の軍服厳めしき偉丈夫も、只の人としての生活此の如しとは余りに悲惨である」[70]。

しかも、退職後、それまでの経験を生かして、軍事に関係する著述をしようと思っても、軍事上の進歩や規則の改廃等を知ることができず、問い合わせても相手にされない[71]。かくして、栄達できずに退職した者にとっては、潤沢とはいえない恩給と、社会的な孤立によって、苦しい惨めな生活が強いられることになった。

ここで重要なことは、彼らの多くが退職後の生活をまかなえるような資産を持っていなかったことである。たとえば、山梨軍縮（一九二三年）の際の退職将校の就職状態に関する調査を見ると[72]、中佐クラスの退職者二四〇人のうち、有職者は四三人、無職者は一九七人であるが、資産を持っているため無職であった者はわずか二三人であり、多くは「恩給ニヨル」（一一〇人）か、「求職中」（五二人）である。また、就職した四三人の内訳は、商工業五人、実業一〇人、公官吏公共団体従事八人、医師四人などとなっており、農業は一人もいない。また少佐クラスでみると、退職者五二八人のうち、無職は四一四人、就職者は一一四人で、無職のうち、有資産者は五一人にすぎず、恩給生活者は一三四人、求職中の者一七二人となっている。このように、多くは恩給のみに頼ったか、あるいは何らかの職を捜していったのであり、何らかの資産によって生活した者はごくわずかであった。

つまり、学力さえあれば比較的安価な（しかし労働者や小作層には無理な程度の）出費で、立身出世が期待できたこと、及び軍人の子弟が軍人になるという率が高かったことにより、資産を持たない層からリクルートされた多くの将校は、退職するとたちまち生活上の不安に直面せざるをえなくなっていったのである。彼らはエリート意識こそ強かったが経済的裏づけが伴わず、その意味では、特に、昇進の遅れた者は、主観的な階層帰属（「天皇への距離」）と実際の経済的な帰属階層の間にズレがあったといえる。[73]

一九二四（大正一三）年には『偕行社記事』に、農商務省畜産課長が畜産を勧める文がでるなど、退職将校の就職は当局としても頭を痛めていた。[74] 中等学校の数学・国漢文・体操教員養成講習、社会教育講習会、農芸講習会、建設技術員講習会を、当局が一九二七（昭和二）年に、退職将校の再就職のために開催したことがわかる。[75] 一九二五年の現役将校学校配属令も、過剰な将校をいかに現役にとどめておくかという苦肉の策であったと見ることもできる。

将校たちは、「だしぬけに、ボカンと馘首の辞令が、くるからたまらない、将校集会所に集まりたる時の座談は、馘首でもちきり、イヤ、今度は我の番だ、イヤ、僕の番だと、互に薄氷を履む思ひをなして、日を送るから、教育や勤務どころではない……[76]」といった毎日を過ごしていった。

満州事変後もしばらくの間は問題は継続し、一九三二（昭和七）年になっても『偕行社記事』に次のような悲痛な訴えがだされたりもした。

……次には退職でありますが、人事の最なるものであり、当局者の心労察するに、余り有りと、思います。上司では十分に研究の上、処置せられてゐるのでせうが、又、一面、受身の下から望むなら、要するに、一日でも永く勤めさせていただく、是、大部の叫びでないでせうか。小官退職幾何ならず、又、止むなき退却とて、之を以て全般を見得ざるも、職を離れるといふことは、人生最大の痛恨事と考ふ。殊に、四十五六の働き盛り、しかも社会は使用に二の足を踏む私生活全盛期、何んとしても、今一層、御研究を煩はして、将校をして、安じて、専念せしむる様にあらせたい。八月が来ると（定期異動が行なわれる）、やせる、落付がないでは。[77]

当時は少佐、中佐ぐらいまででたいてい現役を退いていた[78]。一九三三（昭和八）年頃の模様を、伊藤昇は次のように語っている。「当時は十年以上の先輩が中尉の古参で在勤しておられ、大尉の古参組の如きは進級か待命かと、定期異動毎に官報の到着を首を長くして待っていたことを思うと、第二次大戦の間人事行政の中枢にあった私としては、全く今昔の感に堪えないものがある。当時少佐で進級もせず待命になり或は少佐に進級待命になられた不幸な方を数多く覚えている」[79]。

第五節　構造的問題

第二〜四節で論じてきたような問題は、実は明治の末には早くも指摘されていた。一九〇九（明治四二）年四月の師団長会議において問題となった将校生徒募集法の改善策について、同年六月に第三師団長渡辺章から陸軍大臣寺内正毅宛に出された研究結果の報告がそれである[80]。

第三師団での検討結果の結論は「将校生徒ノ募集方法ハ大体ニ於テハ現行法ヲ維持スルヲ可トス但シ中央幼年学校ノ制ヲ拡張シ且ツ士官学校ヲ二個以上トナシ同時ニ将校待遇法ヲ改善シ全国民ヲシテ将校ヲ欽慕尊敬セシメ青年子弟ヲシテ将校生徒タルヲ唯一ノ名誉トシテ熱望スルノ風ヲ増進セシムルヲ要ス」というものであった。

重要なのは、将校待遇法の改善を訴えている部分である。「説明」では次のように論じられている。現在将校生徒に「優秀高潔ノモノ」を採用することができていないのは、一つには採用人員の増加に対して志願者数が増加していないということと、「古武士風習漸次衰頽ニ赴クノ結果」との二つの理由による。ところが、後者は「現今ノ状勢上絶対ニ之ヲ挽回スルコト至難」である。それゆえ、「青年子弟第一流ノモノ」を志願させるためには、二つの点で「将校待遇法ヲ改善」するべきであるというのである。

それは第一に、俸給や恩給扶助料の改善である。約二〇年前には優秀な将校生徒を採用できたが、それは「当時高等ノ学校尚少ク志ヲ青雲ニ有スル学生ヲシテ帝国大学ニ入ルニアラサレハ士官学校ニ入ルノ外ナシト思ハシメタルモ其一ニシテ且将校ノ待遇モ当時ノ物価並ニ官公吏（帝国大学出身者ヲ除ク）ノ待遇ニ比スレハ良好ナリシニ依」っていた。ところが今や専門学校は増加してきたうえに、「武官ノ待遇文官ト択フ所ナク其進級モ亦遅々トシテ如何ニ優秀ナルモノト雖文官ノ夫レニ比シ到底及フ所ニアラス加之俸給恩給扶助料ノ如キモ文官ト大差ナ」くなっている（表1・8）。つまり、かつて相対的に優位にあった武官の俸給が、進級の停滞もあって、その優位性を失ってしまったというのである。

さらに、恩給や扶助料の増額も必要であると主張されている。その理由は、日露戦争で戦没した将校の遺族は「僅少ノ扶助料ヲ以テ爾後ノ生計ヲ立テサルヘカラサルモノ」が多く、また、「物価騰貴ノ今日退職将校ノ生活極メテ困難ナルヲ見聞シツ、ア」るからである。

待遇法の改善案の第二は、「優秀ナルモノハ特ニ進級ヲ速カニ」するとともに、「抜擢進級ニ際シ数人ニ履ミ超ヘラレ及一階級ニ某年数間停止シテ進級ノ見込ナキモノハ」現役定限年齢以前であっても、速やかに予備役に編入するよう内規を定めて実行せよ、というものである。有能な者はどんどん進級させ、無能な者は早めに予備役に入れて、流動性を高めよというわけである。

（円）

中佐相当文官	大佐相当文官	少将相当文官	中将相当文官	大将相当文官
1,752	2,352	3,150	4,000	6,000
2,100	2,500	3,000	3,875	6,000
1,900	2,350	3,000	4,500	6,000
400	500	700	800	1,000
263	313	375	484	750
238	318	375	563	
600	750	1,050	1,200	1,500
657	782	938	1,211	1,875
594	735	938	1,407	
438	547	765	874	1,093
236	281	338	436	1,875
214	265	338	506	
795	995	1,392	1,590	1,988
635	756	912	1,171	1,813
574	710	907	1,126	

ノニシテ一等給、二等給ヲ有スルモノニアリテハ其平均額ヲ
リテハ判検事俸給令俸給表ニ依ル平均額ヲ示ス
於ケル平均額ヲ示ス　又文官ニ在リテハ官吏遺族扶助表第四

相当スル文官退官賜金法ニ依ル一年以上十四年以下ニ於ケル

項ノ平均額ヲ示シ文官ニ在リテハ官吏恩給法施行規則第十二

ヨリ五十年ニ至ル平均額ヲ示シ文官ニ在リテハ官吏恩給法第

て表した。
徒募集法ニ就テノ研究書進達」（第三師団長渡辺章から陸軍大

表1・8　俸給・恩給等の比較表

		少尉相当文官	中尉相当文官	大尉相当文官	少佐相当文官
平均俸給	陸軍武官	360	480	780	1,324
	文官	850	900	1,300	1,700
	判検事	800	900	1,100	1,500
平均扶助料	陸軍武官	120	150	200	300
	文官	106	112	262	212
	判検事	100	112	137	187
平均給助金	陸軍武官	180	225	300	450
	文官	266	282	407	532
	判検事	250	282	244(ママ)	469
平均増加恩給	陸軍武官	131	164	219	324
	文官	96	101	146	191
	判検事	90	101	124	169
平均恩給	陸軍武官	239	299	398	597
	文官	257	272	393	514
	判検事	242	272	333	407

「備考：1　平均俸給トハ陸軍武官ニ在リテハ現役俸並ニ職務俸ヲ合計シタルモ
示ス　文官ニ在リテハ高等官俸給令ニ依ル平均額ヲ示シ判検事ニ在
2　平均扶助料トハ武官ニアリテハ寡婦孤児扶助料表甲、乙、丙各号ニ
条第一第二項ノ平均額ヲ示ス
3　平均給助金トハ第四号給助金表ニ依ル額ヲ示シ文官ニ在リテハ之ニ
平均額ヲ示ス
4　平均増加恩給トハ武官ニ在リテハ増加恩給表甲、乙両号ニ於ケル各
条ニ依ル各項ノ平均額ヲ示ス
5　平均恩給トハ武官ニ在リテハ第一号退職恩給法ニ依ル最下限十一年
五条ニ依ル最下限十五年以上在官四十年ニ至ル平均額ヲ示ス」

注：史料の原表は銭まで算出してあるが、本表では円単位に四捨五入し

＊〈陸軍省大日記〉『明治四十二年自四月至六月密大日記』雑第15号「将校生
臣寺内正毅宛。6月5日付)。

このように、すでに明治末には、武官の俸給や恩給・扶助料に関する待遇改善の要求や、昇進の閉塞に対して改善を求める声が登場していた。もちろん、当局に待遇改善を要求する目的で書かれたものであるから、遺族や退職将校の窮状などは誇張されているふしがある。また、この報告書の主眼は、優秀な将校生徒志願者をいかに集めるか、という問題について書かれたもので、待遇や昇進状態の改善を直接の問題として訴えたものではなかった。その意味では、まだ事態に対する深刻な切迫感はなかったようである。待遇や昇進状態の改善が、現役・退職将校にとって抜き差しならない問題として誰の眼にも明らかになってきたのは、前節まででみてきたように、むしろ、大正期以降、特に第一次大戦以後のことであった。

ここでは、問題が深刻化した構造的要因を三点まとめておきたい。

第一に、前に述べた通り、日清戦争前後からの将校生徒の大量採用であった。これは単に軍事的拡大・対外戦争の準備として下級将校の大量需要によるだけでなく、下士からの将校への昇進ルートの廃止(第I部第二章)とも関わっていた。もし、下士上がりの士官が下級将校に補充され続けていたとしたら、彼らは少尉や中尉のポストに甘んじて「ささやかな立身出世譚」を携えて誇らしく故郷に戻っていったことであろう。おそらく、退職後の経済生活においても、判任官にとどまって軍歴を終えていたかもしれない自分と比べて、今の生活に満足を見出したに違いない。

ところが、実際には下士から将校への道は閉ざされてしまい、将校の質を高め、下士卒との差異を社会的に作りだす仕掛け――陸士出身者によって現役将校を補充するというシステム――が形成された。その結果、皮肉なことに、エリート意識の強い陸士の出身の将校を過剰なほど作りだしてしまった。彼らは、中尉や大尉に進級するのは当たり前で、そうした階級に到達したことで満足することはなかった。陸士の同期生の何人かがぐんぐん立身出世をしていくのを目のあたりにする羽目になったからである。彼らは、自分たちが本来受けるべき処遇よりもはるかに不遇な状況に置かれていると考えていた。一五〇円や二〇〇円そこそこの月収では生活ができないと嘆いた。当時の国民の大多数が、そうしたレベルの収入を得ていなかったにもかかわらず。

第二に、将校の多くは俸給や恩給に頼らざるをえなかったということである。第Ⅰ部第一章で見たように、将校になるルートは高校―帝大という出世のメインルートと比べて比較的安価に立身出世が望めるものであった。その意味では、ドイツのように、貴族や上級市民層の子弟が好んで将校になった国の軍隊とは異なって、むしろ「高等教育への接近のチャンスが上層階級にのみ開かれており、政治指導者の大部分がこの階級の出身であるような社会では、軍隊は社会の中層出身の新たなエリートの形成の機会を提供[81]」するという、開発途上国における将校のリクルートの構造に、日本の場合は近かったということができる（第Ⅰ部第四章）。退職将校の就職状況のデータにおいて、「有資産者」が少なかったことからみても、小作地や家作などの資産を保有しない層のような、社会の上層には属さない部分から多く将校になっていたことがあらためて確認できる。このことは、また、軍人の子弟が軍人になることが多かったという再生産の割合が高いことも関係している。すなわち、軍人は俸給生活者であり、特に貯蓄や資産運用などへの関心がしばしば薄いことから、資産を保有しない層として世代を繰り返したのであろう。[82]

一九二〇年代初頭、陸軍中将佐藤鋼次郎は、ヨーロッパ各国軍隊の将校に貴族や富豪の出身が多いことの長所を、日本の将校の当時の生活難の観察と比べながら論じていた。一つには、「其生立から社会の上位を占めて居るから、其人格上自然下士卒の尊敬を受けているし、もう一つには、もし「中尉か大尉で止めても、相当の資産があるから、代議士・府県会議員となったり、会社の重役となって、現役を退いてからも将校の体面を汚さないのみならず、相応に社会に貢献して居る」。それに対し、退職後の生活に不安を感じ、現役のままでいるために点数稼ぎにあくせくせざるをえない日本の将校のみじめさは「富豪の子弟から採用することを勉め」なかったからだというのである。つまり、学力試験のみを基準として将校生徒を採用してきた選抜方式に問題があったからだというのが彼の主張である。[83]

これは非常に皮肉な指摘である。出自よりも能力（学力）を優先するという、日本陸軍が採用した人材選抜の近代的性格が、かえって問題を生じさせた犯人であるというのであるから。いわば、業績主義的な人材選抜―配分のシステムが、将校たちに、現役としての地位にしがみついていることを半ば強制したことになる。

第三に、俸給や定年の構造が、昇進した者には有利に、下級に留まった者には不利に、作用する構造になっていたということである。一九二五年の『偕行社記事』で、ある主計将校が、各国の武官の給与について研究を報告している。[84]各階級ごとの給与の比を、英、米、仏、伊の各国と比較したのが表1・9である。大佐の給与を一〇〇とすると、少尉の給与は日本では一八でしかない。アメリカ、フランスでは四〇、四ヶ国中最低のイギリスでさえ二四〜二八である。いわば、日本はこれらの国に比べて、上に厚く下に薄い俸給体系になっているのである。かくて、この主計将校は、日本の場合「要するに軍人は中佐以上になると地位は無論のこと収入からいつても随分宜しくありまして生活にも多少余裕が出来ますから、誰しも勉強して偉くならねば駄目だと云ふ暗示と見らるるのであります」と述べている。一九三一（昭和六）年の官吏減俸令により、中尉一等給以上の階級の俸給が減俸されたため、上下の格差は若干緩和された。しかし、中尉一等給から大佐までの格差の比はほとんど変化しなかった（表1・9の右端を参照）。さらに定限年齢を比べてみると（表1・10）中少尉が四五歳、大尉が四八歳、少佐五〇歳、中佐五三歳、大佐五五歳という日本は、ドイツの変則を別にすれば、もっとも若くして軍を去らねばならない制度になっていたことがわかる。しかも実際にはもっと早く待命辞令を受け取っていた。早く

表1・9　武官の給与（大佐の年俸を100とする）

階級	区分	日本（1925年7月）	英国（1925年7月）	米国（1925年7月）	仏国（1925年7月）	伊国（1925年7月）	日本（1931年減俸以降）
大佐	最高 最低	100	100	100 86	100	100 74	100
中佐	最高 最低	78	94 92	90 76	86	94 68	78
少佐	最高 最低	57	66 58	84 69	80 76	87 59	56
大尉	最高 最低	46 35	51 50	70 56	67 59	78 46	46 35
中尉	最高 最低	26 22	38 28	58 46	53 47	69 36	27 25
少尉	最高 最低	18	28 24	47 40	42 40	59 33	20

＊佐伯二等主計「武官の給与に関する私見」『偕行社記事』609号。1931年以降の日本については広田が追加した。

表1・10　各国陸軍現役定限年齢一覧表

（歳）

	少・中尉	大尉	少佐	中佐	大佐	少将	中将	大将
日本	45	48	50	53	55	55	62	65
フランス	52	53	56	58	59	60	62	70
イタリア	48	50	53	56	58	62	65	—
イギリス	48		50	55	57	62	67	—
アメリカ	64							
ドイツ	特に定限年齢を定めず、少尉任官後25年間は其の地位を保証す							

＊外国は『偕行社記事』620号（大正15年5月）による（大正15年3月調）。日本は『陸軍人事剖判』14頁による（昭和5年2月現在）。

昇進しないと貯蓄もろくにできないまま、大尉や少佐で現役を退かなければならない制度的構造になっていたわけである。日本の陸軍将校は俸給体系においても、定限年齢の規定においても、昇進、昇級を動機づけられる構造になっていたわけである。

第六節　将校の意識と行動

1　将校の意識構造

前節までで述べてきたような制度的問題からいったん離れて、本節では、陸軍将校の意識構造に目を向けていくことにする。昇進の停滞等が問題化した状況に対して、一九二二(大正一一)年に『偕行社記事』が「青年将校の体力及気力の増進案」という課題で懸賞論文を募集しているので、それを例にとりあげて青年将校たちの人生観を検討してみよう。

西義章騎兵少尉は人生の目的は自己実現であるという。[85]すなわち、昨今の将校の生活苦、軍人排斥のムードの結果、青年将校は転職を考えるし、老壮将校は自暴自棄になり、本務の懈怠に陥るに至っている。しかし「現代は一面に於て思索、徹底、排形式の時代即内容の時代であるが故に形式的外観や賞讃やは何等の権威をも斎さぬのである」と外見的成功を超越すべきことを訴える。「熱血燃ゆるが如き青年が成功の栄光に憧るるのは猶夏虫の灯火に赴くが如く、人性の恒情であらう。しかして、彼らの成功とは如何、曰く、富貴、栄達、維新時代の青年の脳中を支配せる『今日の書生、明日の参議』的それである」と、成功を求める心情が自然な欲求であると彼は述べている。しかし、「富貴や栄達」ではない目標――自己実現――を彼は提起する。

栄達や富貴は決して不可なるではない。然し、余は言はんと欲する、暫く、深く思を潜めて静思一番せよ、是等果して人世の究極目的なるべきか、否々、少なくとも、現代哲学の示す所、又吾人の思索し得る限りに於ては人世目的の究極は即ち「自我実現」以外に何物も存しない。天地の公道に基き、国家並に社会の進展に参献しつつ自我を創造し全我を発揮することによりてのみ、人世究極の意義を認め、自己内心の安心を求め得べきではないか(傍点原文)。

ここでは、世俗的な成功が現実的にいき詰まっていることを背景として、富貴や栄達よりも自己実現が重視されている。しかも自己実現が国家社会への献身と同値とされ、軍人としての本務に専心することに自己の発揮の場を見出していこうとしている。

彼のこういう考え方は、日露戦争前後から生まれてきた煩悶青年に通ずる、自我の探究に強い関心を抱くことによるものであった。キンモンスは煩悶青年について「一定の教育を受けさえすれば自動的に立身が達成されるという状況が過去のものになって初めて、青年たちは伝統的な立身の定義をこえて人生の意味を追求しはじめたのだった。ゆえに、彼らが抱いていた宗教的、文学的、哲学的関心とは、伝統的立身の崩壊に対する代償だったのではないだろうかという疑問がわいてくる[86]」と述べているが、西少尉の場合も、同様に考えることができる。「成功の栄光に憧るる」ことを「人性の恒情」としながら、「維新以来の所謂軍人の好景気時代」(西)が去ったという認識に立って、その代案として「自我実現」が出されているのであり、それは昇進ルートの閉塞や将校の待遇の悪化に対応するものであったといえよう。「栄達」や「富貴」への到達可能性が遠のいたと認識されるかぎり、彼らの立身出世のアスピレーションは自我の探究、自己意識の深化の方向に向けられざるをえなかった。将校である彼らは、旧制高校生のような文学や哲学にではなく、隊務の中に自己実現の場を見出していったのである。そこでは国家社会への貢献は、即ち自己実現であった。

それに対し、はっきりと「成功」を目標に掲げる者もいた。浦野清槌騎兵大尉は、体力、気力が成功の第一要件であり、それは同時に国家への貢献のための要件である、と述べる[87]。

語ニ曰ク「人生ノ行路ハ多難ナリ而シテ此ノ難関ヲ突破シテ光輝アル成功ヲ収メンニハ身体ノ強壮ト気力ノ旺盛トハ第一要件ナリ」ト。然リ気力ハ実ニ人間活動ノ原動力ニシテ身体ハ之カ誘導器ナリ。故ニ若シ此ノ二者強健ナラサランカ如何ナル善事モ之カ実現ニ由ナキナリ。サレハ人々心身ヲ鍛練シ各其ノ業ヲ励ミ以テ競争場裡ニ勇往力行スルハ自ラ成功ノ栄冠ヲ得ル所以ナルト共ニ又正ニ国家ニ奉仕スル所以ナリトス（句点引用者）。

彼は、「独特ノ職務ニ服スル将校職中雄大ナル抱負ヲ懐キ燃ユルカ如キ功名心ヲ蔵スル青年将校」はなおさら気力と体力が必要であると述べている。さらに「一代ノ人豪ト仰カレ一世ノ視聴ヲ聳カシ功名ニ飽ケル偉人傑士ト雖モ其ノ此ニ至レル経過ノ内容ヲ仔細ニ詮索スレハ担路ニ軽車ヲ行ルカ如キ光明史ニアラスシテ（中略）彼等ハ一失三敗益々勇ヲ鼓シ旺盛ナル気力ト強健ナル体力トヲ以テ極度ノ奮闘ヲ持続反覆シテ七転八起遂ニ能ク最後ノ一勝者タルノ栄冠ヲ得タルカ為ナラスヤ」と述べ、「体力気力ノ強盛ハ失敗ヲ転シテ成功タラシム」としめくくっている。彼がいう「成功」が何を意味するかは明らかであろう。世の中に名が知れわたるほどの「偉人傑士」をめざして競争すること、そして失敗にくじけず努力奮闘して最終的な勝者になることが「成功」なのである。いわば彼の場合は「体力及気力ノ増進案」というテーマに関して、成功の夢を強調し、努力を力説することで体力や気力の増進をはかろうとするものであった。ここでも、成功を望む心情は誰もが当然持っているものとされ、成功をめざす競争や「燃ユルカ如キ功名心」は、国家への奉仕と矛盾しないものとして存在している。

一九一六年にだされた陸軍大学の受験案内書では、「目下の昇進難時代に際会して誰彼の差別なく煩悶せる有様は真に惨の惨たるものである[88]」と、青年将校の煩悶の背後に昇進の閉塞状態があることを述べ、「須らく坐して時勢の儘ならぬを歎ずるより、進んで修養し、勇躍して登龍の門に驀進すべきである[89]」と陸軍大学校受験を奨励している。煩悶するより、勉強して道を切り開けというのである。その一方で、あからさまな成功＝栄達の追求も戒めている。では一体、どうしろというのか。

著者は「向上進歩は地上に生れ落ちるや否や吾人の課せられたる任務である、必然の命題である、将校となつて空しく朽ちざらんと欲するの心意は即ち向上進歩を期する任務遂行の観念に帰一する、もと〳〵元帥大将たらんとした抱負の根基はやがて此意味に存したのに外ならぬ、陸軍出身後長く之に従事せんとの誓ひの本体は此向上進歩に外ならぬ[90]」と述べる。向上進歩をめざすのが人間の自然の性情であり、もともと将校を志した時に抱いていた元帥大将になる夢も、職務に励み向上進歩をめざす、自然な本性のあらわれであるというのである。そして、「栄達のみが吾人の目的ではない、栄達は寧ろ努力功績の結果であり、自然の報酬であらねばならぬ[91]」と、その進歩向上をめざして任務に打ち込み努力した結果、「自然の報酬」として栄達が可能になるのだ、と述べている。

栄達や成功の夢は、キンモンスや竹内洋が詳しく検討しているように、明治期に立身出世をめざす青年たちをとらえ続けたものであった[92]。一八八九年の将校団教育訓令では、次のように述べられていた。「将校ノ其教育ニ勉ムルハ啻ニ其進級ノ為ノミナラス即其栄誉ノ為及ヒ其父祖ノ国ノ為メニシテ若シ此ノ教育ヲ懈レハ即チ其義務ヲ欠ク者ナレハナリ[93]」。任官後の将校が一層自己教育に励むべきであるのは、単に自分の進級のためではなく、将校としての栄誉のため、国のための義務でもあるからだ、というのである。ここでは、大正期の陸大受験の案内書よりもっとはっきりと、立身出世（進級）の野心が、明治期の将校たちの何よりも基本的な努力の源泉であることが表明されていた。

大正期に書かれた西や浦野の文や受験案内書の論理がはしなくも物語っているのは、彼らは、立身出世をめざして奮闘した明治青年の正統な継承者であるということである。立身出世の野心を否定しているように見える場合ですら、立身出世の物語から抜けだしてはいないという意味で。また、それはある意味では、当時のエリート青年一般と何ら違ってはいなかったことを示している――栄達、成功、である。もちろん、西はそれを望ましくないと否定した。それすら、立身出世の野心を内面の考究へと転化させた、当時の一般の煩悶青年たちと何ら違ってはいなかったのである。また、浦野は成功への野心を率直に表明していたし、受験案内書は、自然な性情としての進歩向上の希求――職務への献身的努力――結果としての栄達という論をとった。もちろん浦野の場合でも、成功への野心や功名心は国家への奉仕とは矛盾してはいなかった。

将校生徒たちの意識の中では、天皇への忠誠や国への奉公と自己の出世や栄達との間に矛盾が見られなかったことは、第Ⅱ部で見てきた通りである。確かに、陸士・陸幼の教育は、教則レベルでは立身出世の追求は否定されていた。また、決められた時間外に勉強したり、露骨にガリ勉をする者は生徒の間では「利己主義者」として嫌われたり、いじめられたりした。しかし実際には競争は奨励されていたし、彼らは実際競争心や名誉欲に溢れていた。杉坂共之は陸幼で一番の成績をとることをめざした。「蓋世の英雄」たらんことを夢み、立身出世を望んでいた。陸士・陸幼の教育は立身出世の欲求を冷却するものではなかった。それは軍人として必要な資質として、天皇や所属集団のために努力・献身することを考える教育であった。その結果、国のための献身・努力と、自己の立身・栄達を両方ホンネとして抱え込むことになった。彼らが一生懸命隊務や勉強にはげむのは、国のためと同時に家族のためであり、自己のためであった。論理上は矛盾する「無私の献身」と「立身出世の野心」は、こうした予定調和の関係となることによって、任官後の青年将校たちに生き続けていたのである。

とはいえ、西や浦野のような「自我実現」や「成功」という私的欲求を吐露したものは、現役将校が書いた文章としては珍しい部類に属する。『偕行社記事』という将校内部向けの雑誌で、しかも「青年将校の体力及気力の増進案」という精神主義では簡単に解決しえない題目であるが故に、私的欲求のレベルまで表白されているのであり、普段の、特に外部向けの文書は「無私の献身」の主張で埋め尽くされていることに注意しなければならない。いわば夥しく語られ各種文書にあふれている「国のため」という言葉の裏には、西や浦野が述べたような私的欲求が潜んでいるのである。「何が彼ら将校をつき動かしたのか」を問う時、普段の公的な文書の中では語られない、そういう私的欲求にもっと注意が払われねばならない。

陸士・陸幼の教育によって作られていった将校たちの意識構造――「軍人勅諭」に描かれたものを規範としての「軍人精神」と呼ぶならば、それとは異なる、リアルな意識構造としての「軍人精神」――とは、国や天皇への奉公を誓いながらも、立身出世の野心のような私的欲求も温存し続けた、そうしたメンタリティだったのである。

2　出世と保身

それでは、将校の内に生き続けていた私的欲求は、本章前半でみた昇進の停滞等の状況下で、彼らのどういった行動に結びついていったのか。それは、以下に述べるように、「点数稼ぎ」や陸軍大学（以下「陸大」）をめざす競争の激化やその裏返しとしての人事や陸大卒業生に対する批判の声を生みだした。また、いったん戦争が勃発すると「功名争い」や「独断専恣」を生んでいったのではないだろうか。

すでに昇進ルートの閉塞化が進行していた一九一七年、ある少将は最近の風潮について、「或ハ利己的栄達ニ汲汲トシテ其ノ本務ヲ放擲シ或ハ士道ヲ無視シテ只管自己ノ欲望ヲ遂ケムト欲スルカ如キ或ハ利己的功名心ニ駆ラレテ摯実ナル勤務ヲ厭ヒ徒ニ壮言豪語ヲ吐キ……」[94]と、露骨な立身出世主義の台頭を嘆じている。

そうした露骨な立身出世主義は、一つには、検閲や検査の形骸化としてあらわれた。ある将校は「年々歳々小策を弄する輩が我が陸軍内部にも段々と増加する様の感じがする。（中略）検閲とか検査とかの際に真正直にさらけだして正々堂々たる態度を以て受験するもの極めて少なく何とか自分等の過誤及未熟の点を隠蔽して一時を弥縫せんとする輩多きは実に慨嘆に堪へんのであった」[95]と述べ、ごまかしやとりつくろいの増加した現在のような状態ではいくら検閲や検査を重ねても、進歩や改善はなしえない、と訴えているが、これはのちのちまで変わらなかった。たとえば、陸大をでていない連隊長の進退は、連隊長時代の成績で決まるため、何とか成績を上げようと、厳しい訓練を課したり、隊内で生じた事件をもみ消しにしたりする。無意味な訓練や形式主義が蔓延することになる。

……大学（陸大）なんか出ていない連隊長が来ますと、それが結局師団なんかでも、師団長とか、参謀なんか、みんな大学を出ておるでしょう、連隊長なんか一目下に下げられておる。そこに事故がたまたま起こると、物凄くダメなんですよ。だから何とかして名誉を回復しなければならぬ。そして兵舎なんか焼くと物凄く悪くなる。そいつを何とかして、名誉を回復するためには、或る程度厳しい訓練を加えるとか、何かそういう実績をあげればよいわけなんで、そういうことから特に強く当たって来るのです。[96]

といった談話はその辺の事情を物語っている。

むろん彼らをこうした点数稼ぎに駆り立てたのは、退職したら生活が一変してしまう、という意識であったろうし、階級が一つ上がれば俸給もずっと上がり、権力も増大するといったことであろう。少しでも階級を上げたり何とかして現役にとどまろうとする、彼らの執着は強かったであろう。一九二四年に「現下高級軍人心理」を分析し批判したある論者は、「其の多くは現職執着欲の程度を越えて、其の椅子を離れまいとしては、軍人の本領たる名節も廉恥も何のその、其の必要に応じて軍隊を売り部下を犠牲に供し上官を欺き、而して其の断末魔まで藻掻く、これ即ち現下高級軍人心理であ」り、「現代思潮に直面して軍隊を誤らしむるものは実に此の徒輩である」とまで酷評している。[97]

いわば、昇進の停滞と生活水準の悪化は、点数稼ぎによる現役への固執を構造的に生みだしたということができるのではないだろうか。「士官学校時代には立身出世を考える奴なんかといって、勉強しない者が、結局いつまでも少佐、中佐に止められておるので、そういう連中が後になると、却って[98]」昇進ないしは保身（現職へとどまること）のための点数稼ぎに駆り立てられることになった。満州事変直前の時期にも、「概して二十年を越えたる将校中には、老衰せるもの多く、（以下(ママ)八十字削除）高潔なる真の軍人は去り要領好き××阿諛将校が残る亦宜ならずやである（以下(ママ)百五十九字削除）其連隊長は之を得としてか非行を掩はんとしてか、非常識極まる行動を以て部下に威張散らし、一方師旅団長の検閲のみを無闇に恐れて戦々兢々たる有様である」[99]というふうであった。

一方、立身出世主義は、青年将校の陸軍大学校受験の過熱としてもあらわれた。そもそも陸大は、参謀養成を主眼として一八八三年に創設された。しかし、九一年の陸軍大学校条例改定では「参謀」と「高等指揮官」の養成を目的とするよう改められ、さらに一九〇一年の大改定によって「幕僚、指揮官の区別なく高等兵学に精通した高級将校の養成所であることが最終的に確認された」[100]。それゆえ、ある意味では当然のことではあるが、陸大卒業生（天保銭に似た徽章を佩用したので「天保銭組」と呼ばれた）は、陸大に行かなかった者（「無天組」と呼ばれた）に比べて人事行政上において、きわめて優遇され、多くの将官を輩出することになった[101]。

今西英造によれば、陸士一一期～三〇期の二〇期間の卒業生一万三三〇九人のうち、陸大を卒業した者は一一四四人で、同期生のうちの約一割弱しか陸大に入校することはできなかった[102]。青年将校たちは、その「約一割弱」の一員となろうと隊務の合間に受験勉強に励んだ。一九一〇年代に入ると、初審試験・再審試験の準備や当日の注意、教科書の学習法や参考書の選び方まで細かく指導した受験対策書が出版されるほどになった[103]。「ズーッと以前は『何大学だ、俺なぞはそんな処へ入らずともやる丈けはやつてみせる』と力んで強ひて試験を受けなかつた有為の材がかなりにあつたさうだ、そして又凭麼人で将官に上つたものが随分ある。今では猫も杓子も大学である」[104]といわれるほどの状況になった。

現役を離れたある砲兵大尉が、一九二四（大正一三）年に、自分の陸士受験の頃をふりかえりながら（彼は思うところあって陸士入学後一四年目にして自分から陸軍をやめて、九州帝大法文学部に入っているのだが）、陸軍将校が勉強するのは軍事学の研究そのものを目的としていないで、「他に巧（ママ）利的の目的を有する」と批判している。[105]「巧利的」な目的意識で陸大受験のための受験勉強は一生懸命やるが、それに失敗したら（当時は任官後八年間受験できた）、軍事に関する研究をやらなくなる人が多い、というのである。「中少尉時代に可成り勉強する将校が何故大尉以後従前の旺盛なる意気をもって勉強し得ないか（少なくともこんな人が可成り多いことは事実認め得る）其大半は制度の罪に帰し得られはすまいか、私は苦き経験によって十二分に這般の消息が分る様な気がする」と彼は述べ、陸大不合格者の心境を次のように述べている。

> 巧（ママ）利的に勉強し来つた者にとつては（自ら意識しあると意識せざりしとに拘らず）大尉で陸軍大学校の再審試験に失敗した時位寝覚めの悪い事はあるまい。
>
> 一事に前途が暗黒になつた気がする気力がすつかり抜けて何をするにも張合がなく

なつてしまう、而して自分の能力に関して非常な自信を失ふに至る、而して一時的にせよ一種の精神的死滅に陥る。[106]

かくして陸大受験に失敗した者は、自信を失い、前途を悲観し、学問研究の気力が失せてしまう、というのである。彼は陸大の採用人員が制限されていること及び「将来の栄達の為に学問するといふ巧利(ママ)的態度」に原因があると断ずるのだが、それはともかく、多くの青年将校が陸大受験のために勉強し、その大多数は失敗して自信を失い、前途を悲観することになったのである。出世コースから外れた彼らは、おそらく前述したような老大尉、老少佐を自分の将来の姿として思い描かざるをえなかったであろう。

ところで、昇進の停滞や馘首の不安のような問題に関して、活字として発表されるものでは、当事者たる一般将校の声は小さくて、しかもか弱い。おそらく、昇進競争から落伍した自分の立場を保全しようとする要求は、なかなか声高には主張できにくい雰囲気があるからであろう。そうした中、彼らの声を代弁したものでは、たとえば、「将校は軽々しく、馘首してはいけない。殊に馘首の理由に老朽などは、以ての外である。将校は定限年齢がありて、この年齢通り、現役、予備役、後備役に服し得ることになつてゐる。現役定限年齢に達せざるものを、老朽と云ふならば、先ず以て現役定限年齢を改正すべきである。又無能と云ふ理由も、了解出来ぬ。大尉の階級は勤められたが、少佐の階級になりて、無能なりと云ふならば、少佐に進級させず、いつまでも勤めらるゝ、大尉の階級に置けばよいではないか[107]」といった主張があった。しかしこの場合でも「少佐に進級させず……大尉の階級に置けばよい」という、問題の解決策とはいえない程度の提案しかできていない。

将校たちの不満は、むしろ自分たちの弁護によりも、他人への批判に向けられたと考えるべきであろう。すなわち、一つには人事のやり方に対して、もう一つには陸軍大学卒のエリート将校たちに対して、大正中期以降、さまざまな不満や批判が出されるようになったのを見ることができる。

人事のやり方に対しては、たとえば、「或る一部の野心家の慾望、或は少数権力者の均衡の為め、色々の御手盛りをして、無用の官職を造つた[108]」とか、「現行、人事行政に付き、甚だ遺憾の点がある。曰く将校の馘首なり、其理由に、或は老朽と云ひ、或は無能と云ひ、色々の難癖（ママ）をつけては、首をきる。甚だしきは、或る何人かを昇進せしめん為めに、其邪魔にある。先輩とか、同列者などを、無能でもなく、欠点もなく、否寧ろ、偉人秀才と認めらるゝものをも、遠慮なく、首をきる。此等情実的暴挙は、今日我国軍を萎靡退嬰せしめたる事多々ならん。人事行政について、いまはしき事を、屢々耳にするは痛嘆に堪へぬ[109]」というように、人事担当者の不正（実際にあったのか無かったのかは私にはわからないが）を批判する者もいた。

あるいは、「苟も将校たるを志す、誰か中尉大尉等にて終らんとするものぞ。首を切り得る地位に在る人の中には、自らは雲上の種にして人を見ては、大尉にもなつたら有難いと思へと云ふやうな気のしてゐる者もある。人心の機微に触るるや遠し」[110]というように、人事担当者の傲慢さ（これも事実かどうかわからないが）をとりあげて攻撃するものもいた。

また、人事行政に対する将校たちの不満の中でも、陸大卒業生の優遇に対する不満ははなはだ強かった。前に述べたように、陸大をでた「天保銭組」と陸士しかでていない「無天組」との進級の差は非常に大きかったため、「無天組」の将校は、陸大卒業生の人事行政上の優遇に対する非難を漏らすばかりか、陸大卒業生の人格や素行等についてもさまざまな批判を口にした[111]。

大正中期にはすでに、陸大卒の徽章、いわゆる「天保銭」を廃止せよという声[112]や、官衙附将校は「栄達のみを目的とする」精神的堕落に陥っている[113]という批判が登場していた。一九三一（昭和六）年には、「天保銭制度に対する普通将校の不平反感に関する件報告[114]」なるものが、東京憲兵隊の手でまとめられるほど、「無天組」の不満はつのっていた。同報告の第一部である「天保銭制度に対する不平反感」の中の細目を見れば「無天組」がどういうタイプの不平や不満を抱いていたかが理解できる。

天保銭制度に対する不平反感

第一、天保銭制度に対する反対意見
第二、大学徽章に対する論評
第三、天保銭組の人格に対する批難
第四、天保銭組の処遇に対する不平
第五、天保銭組に対する反感[115]

同報告に登場してくる一般将校の声はいずれも興味深いものであるが、細かく紹介する余裕はないので、ここではその中から一例（某少佐）だけ引用するにとどめよう。

天保銭組は三ケ年も相当努力し苦痛を嘗め来れるが故に進級の速かなるは当然なるべし、然れども一年二年の兎飛なら我慢し得べきも、五年六年と違つては余りに馬鹿らしく真の服従などなし得る訳なし、彼等は呑気に気楽な仕事をなし出世は早く、平武士は汗と埃とに埋つて平時に於ける第一線に立つて昼夜の区別なく活動し、しかも進級遅れ全くマルクスの資本論其のまゝなり、茲に社会改革の叫起らざるを得ず……[116]

この事例が端的に示しているのは、「天保銭制度問題」が、一般将校が自分たちの待遇や境遇に対して抱いていた不満を反映したものであったということである。従来、陸大受験や陸大卒業者の問題については、制度の是非や陸大卒エリートの優遇の功罪、あるいは個々の陸大卒業生の人格や能力が、問題の焦点として論じられることが多かった[117]。しかし、確かにその側面は重要であるにしても、陸大卒を優遇する人事や陸大卒業生に対する不満がなぜ、かくも軍内に充満していたのかは、むしろ、不満を漏らし、批判をした側に理由が求められねばならないのではないだろうか[118]。

陸大卒業生であることを明示するための、たかが徽章である「天保銭」に繰り返し非難が集中したり、陸大卒業生のごく一部の者の不遜な言動によって陸大卒業生全体に対して批判があびせられたりしたことが示しているのは、彼ら「無天組」の怒りは人事行政全体への不満を下敷きにしていたということである。人事行政全体の問題——昇進の停滞、下級将校の薄給等——は、前にみたように、なかなか具体的な解決策の提示は困難であった。それゆえ、彼らはむしろ具体的な批判対象——〈悪の根源〉——をどこかに求めた。陸大優遇人事と陸大卒業生とは、まさにそうした「目に見える批判対象」であった。すなわち、一般将校は自分たちの不遇に対する不満を、「敵」（＝「天保銭組」）への批判に向ける形で表明していたのである。

戦時になると、将校たちの私的欲求は、総合的な配慮を欠いた積極主義や露骨な「功名争い」としても発現した。昭和の軍人は独断専行の名を借りた「独断専恣」や下剋上の行動に満ちていた。国内でも戦場でも、将校たちは功名や手柄を争って思い思いの行動につっぱしった。たとえばノモンハン事件での失敗を取り戻そうと、参謀本部勤務で強硬な開戦論をぶった辻政信や服部卓四郎の例はそうした大局観を欠いた積極主義の表れであり、徐州作戦において大本営が作った作戦制止線を踏み越えて、現地部隊が無統制に中国軍を追撃していったのは、露骨な「功名争い」の例であった。また、武藤章が内蒙古を日本の影響圏にしようとして綏遠事件を起こした時、止めに行った石原莞爾に向かって「私はあなたが満州事変の際にやったのと同じことをやろうとしているのであって、あなたからそんなことをいわれるのは心外だ」と嘲笑し、追い返したという有名すぎるエピソード[119]も、彼らの「功名争い」の好例だといえる。[120]

最後につけくわえておけば、昇進の停滞・競争の激化は、直接的に、異能タイプの人材を排除する減点法人事につながった。竹内洋は明治末から大正、昭和の初頭にかけての時期を第二の人材過剰の時代と呼び、そうした「人材過剰時代の就職や昇進はふるい落とすことが要求され減点法人事になりやすい」と述べている。[121] 当時の陸軍はまさにそうした減点法人事で、ソツのない者が昇進できるようになっていた。一例として、昭和初期に陸士を四番（歩兵科中）で卒業した伊藤昇の談話をあげよう。

私はノモンハン事件で大本営直接監視の下で作戦行動に従事し、任務に忠実勇敢であったことで少佐へも有利に詮議せられ、中佐への進級は同期生の第二位……に躍進していた。別に実力があった訳でもなく、私が人事局に長年勤務していて人物を当事者に赤裸々に見抜かれていたこと、また、より上位にあった若干の連中が戦時勤務で、やや思わしくない行為もあって敬遠される立場に置かれたこともあって私が無難で現状を維持し他の連中が遅らせられたという方が正しい見方であると思う。[122]

ある在郷将校は陸士の教育の試験重点主義的な性格をとりあげて、功利主義的な勉強に生徒を走らせるとし、異能者が排除されると痛烈に批判していた。[123] 将校が常識や学識に欠ける点がたくさんあり、しばしば退職後に社会に適応できないのも、将校が独創力に欠けるのも青年将校が隊務を軽視するのも、陸士の試験による任官序列の決定が大きな影響をもっているからだというのである。「将校の一生を支配すべき任官序列が試験の成績に拠って決せらるるが故に、生徒の学習動機功利的ならざるを得ず。試験に失敗する生徒が、一等給が又遅くなったと憫むべき戯言を弄するものあるは怪しむに足らず[124]」と。

さらに彼は、「徳性陶冶の成績は点数を以て表し難く、躬行を以て之を代表せしめ評価するが故に、人格品性を除外せる行為を採点の対象と為す結果、失行少き者即ち陳香も焚かず屁も放らぬ者高点を得る事となるべし[125]」と、訓育の点数を客観的な基準で採点しようと思えばどうしても外に現れる行動で評価するしかないから、結果として、あたりさわりのない者が高得点を得てしまうと批判していた。

こうした点から考えると、人事の停滞による減点法の採用及び客観的基準（試験、外見的行動）による任官序列の決定といった要因により、遊泳術に巧みな能吏タイプの人間が高く評価され、昇進していったことがわかる。ある意味で、これは皮肉な現象である。明治の建軍以来、「公平な競争による人事決定」を徹底していった結果であったからである。すなわち、将校生徒の教育や陸大の選抜において、（閥やその他の攪乱要因はあるものの）試験のような客観的な評価基準を採用し、陸士での卒業序列や、陸大卒などの学歴を「客観的な選抜基準」として重視するシステムは、それ自体は望ましいものであるが、人事が停滞してくると、そのシステムは必然的に「俗吏」を生みだすことになってしまったのである。

第七節　小　括

Ａ・ファークツは、「軍隊の人事政策の歴史は、不適任者を退職させることによって「年功序列の固着」をくいとめる努力と、将校志願者を引きつけるにたる好条件の任用期間をつくりだすこととの調和をいかにするかという種々の試みでおおわれている」[126]と述べている。この点では日本も例外ではなかったことは、将校の生活難問題がまっさきに論じられたのが、一九〇九（明治四二）年の将校生徒募集法の改善に関する報告であったことに、端的に示されている。しかし、そのころはまだ、それほど事態は切迫してはいなかった。

日清戦争後から大正期まで大量に採用した将校生徒が、任官し、中枢的な人材になるか、不要な人材になるかというキャリアの分かれ目を、順次迎えていくようになるにつれて、「年功序列の固着」と「好条件の任用期間」との調和が破綻してきたことが明白になった。昇進の停滞を打開することに対しても、俸給を改善することに対しても、あるいは、退職将校の生活を安定したものにすることに対しても、さまざまな理由によって、「解決策」と呼べるほどの十分な策は講じられなかった。第Ⅰ部で論じたように、一九一〇年代の末から二〇年代前半にかけては、反軍的な風潮の高まりとならんで、将校の待遇の望ましさの低下のゆえに、将校生徒を志願する少年たちの数も激減していった。

閑職と非難されるような新しいポストの増設や、二度にわたる軍縮による現役将校の整理、一九二五年の中等以上の学校への現役将校の配属によっても、昇進の停滞は根本的には解消されなかった。そうした中、若い将校の中には転職を考えたり実行した者もいた。あるいは、陸軍大学校に合格して何とかエリート将校への切符を手にいれようと、試験勉強に専心する者もいた。陸大に合格しないまま受験資格を失った者は「前途が暗黒になった気がする」ほどであった。一方、昇進の遅れた年配の将校は、いつまでたってもわずかな人数の教育に明け暮れるとともに、薄給に悩み、いつ申し渡されるかわからない待命の辞令に怯え、退職後の生活に対する心配に心をくだかざるをえなかった。

将校は、意志を持たない「戦闘用の機械」などではなく、現在や将来の自分の生活を心配する生身の人間であった。また同様に、天皇や国家への無私の献身をひたすら誓う求道者のような存在ではなく、栄達や保身やさらには自己実現のような私的欲求を持った存在であった。しかも、日本の場合、当時の欧米諸国の軍隊に比べて、俸給体系においても、定限年齢の規定においても、昇進・昇級を動機づけられる構造になっていた。「誰しも勉強して偉くならねば駄目だと云ふ」構造になっていたのである。

昭和初年の陸軍将校は、このような中で満州事変勃発の報を聞いたわけである。関口武彦の言い方を借りれば、満州事変の勃発は、「人事行政にたいする無天組の不満も徐々にではあるが解消に向[127]」かわせることになった。「戦火の拡大と野戦軍の膨張に伴い、前線将校の不足をきたし、これが平時では考えられない無天組の規則的な進級と抜擢登用を可能にしたからである」。

表1・11は、例年八月に発令された定期異動の様子を、一九二七〜二九年と一九三四・三五年とで比較してみたものである。大尉クラスでの待命—予備役編入がほとんどなくなり、中佐ないしは大佐での待命が高率になった三四、三五年に対して、二七〜二九年の時点ではまだ、大尉・少佐クラスがかなりの比率を占めていたことが明らかである。経年データの集計を試みていないので、年次推移の具体的な様子はわからないが、少なくとも次のことはいえるであろう。大正中期に顕在化してきた昇進の停滞は、軍縮による将校の整

表1・11　夏期定期異動による待命将校の階級別人数

『官報』日付		中尉	大尉	少佐	中佐	大佐	少将	中将	大将
1927年	そのまま待命	5	8	17	10	26	10	10	1
7月21日	進級待命(a)	1	8	20	22	4	5	0	—
	小計	6	16	37	32	30	15	10	1
1928年	そのまま待命	2	46(b)	29	35	24	14	4	0
8月11日	進級待命	2	51	45	29	12	6	1	—
	小計	4	97	74	64	36	20	5	0
1929年	そのまま待命	5(c)	7(d)	18	26	22	6	8	1
8月2日	進級待命	4	29	25	17	12	5	1	—
	小計	9	36	43	43	34	11	9	1
1927～	そのまま待命	12	61	64	71	72	30	22	2
29年	進級待命	7	88	90	68	37	16	2	—
計	小計	19	149	154	139	109	46	24	2
		(3.0)	(23.2)	(23.9)	(21.7)	(17.0)	(7.2)	(3.7)	(0.3)(100%)
1934年	そのまま待命	0	7(e)	12	22	33	11	9	0
8月2日	進級待命	2	15	28	35	14	3	0	—
	小計	2	22	40	57	47	14	9	0
1935年	そのまま待命	0	2(f)	28	36	33	8	7	2
8月2日	進級待命	1	15	37	39	4	4	0	—
	小計	1	17	65	75	37	12	7	2
1934・	そのまま待命	0	9	40	58	66	19	16	2
35年	進級待命	3	30	65	74	18	7	0	—
計	小計	3	39	105	132	84	26	16	2
		(0.7)	(9.6)	(25.8)	(32.4)	(20.6)	(6.4)	(3.9)	(0.5)(100%)

＊(a)一つ上の階級への昇進と待命とが同時に発令されている者、(b)46人中15人は待命と同時に一等給昇給、(c)5人中4人は待命と同時に一等給昇給、(d)7人中3人は待命と同時に一等給昇給、(e)7人中4人は待命と同時に一等給昇給、(f)2人とも待命と同時に一等給昇給、(g)依願休職者、依願による予備役編入者等は除いた数字である。

理や現役将校学校配属令等の措置にもかかわらず、昭和を迎えた頃までは存続し続けた。大尉や少佐で現役を退かざるをえなかった者がかなりの程度存在していた。しかし、閉塞していた将校の立身出世市場は、満州事変によって再び活況を呈し始めた。その後の満州への動員の増強や、戦時体制への移行にともない、将校の需要は急速に増大した。日中戦争前後の時期になると、大尉で待命辞令を受け取ることはまれになり、ほとんどのものは、少なくとも中佐や大佐にまで昇進できることがはっきりしてきた。点数稼ぎに汲々としていた古参将校にも、野心にあふれた若手将校にも、さらなる出世・栄達をめざす天保銭組にも、きわめて好都合な状況が生まれつつあったのである。

しかしながら、彼らは、そうした私的な欲求を必ずしもそのままむきだしで肯定したり、口にしていたわけではなかった。むしろ、天皇への至誠、国への献身を私的欲求の実現と重ね合わせることで、他人に対してはもちろん、しばしば自分自身に対してすら、彼らの持つ欲望を「国のため」と正当化していたのではなかろうか。書いたり、しゃべったりしたものでは「天皇制イデオロギー」の忠実な信奉者、行動を見ると立身出世主義者という、戦時期の陸軍将校にみられる二重性は、そういう観点から見ることによって統一的に把握することができる。将校の社会的威信は回復し、昇進やさまざまな手当により経済的不安も解消した。何よりも功名手柄や自己実現のチャンスであった。立身出世の夢は再び膨らんだ。ただし、主観的には「奉公する機会がやって来た」として。

ただ、誤解を招くといけないので、念のためにつけくわえておくと、将校たちの生活上の諸問題は、戦争勃発の原因ではなかったし、戦争拡大の主要因でもなかったであろう。それは社会全体の政治や経済の問題である。むしろ、ここで強調したいことは、「何が戦時体制を生んだのか」ではなく、「戦時体制はいかなる心理構造のもとで支えられたのか」という点に関して、陸軍将校の場合、彼らの生活上の諸側面への関心を抜きにしては語れないのではないかということである。

昇進ルートからはずれた者も、昇進ルートに乗っていた者も、ある者は将来の生活に対する危機感から、またある者は燃えるような功名心から、また別の者は自己の能力の発揮(自己実現)をめざして、昭和の戦時体制を担っていったのではないだろうか。誰もまた、一九四五年の惨憺たる敗戦の状況を思い描いてはいなかった。欲望充足の大いなる可能性と献身の機会とが一致する状況が生まれた。あとはその「チャンス」を生かす競争となったのである。

第二章 「担い手」諸集団の意識構造

第一節 課題

1 はじめに

「ファシズム」期の「日本人すべては、ファシストの下士官候補であったのだ。民衆は、その時、戦争推進の要素の一つになっていたし、残虐行為の担当人（首切り役人）でもあった。この面からいうならば、日本人が民衆としてファシズム体制を支え、戦争に参加したことは、日本ファシズム形成のカギであったのではないかと思われる」と、一九七三年に藤井忠俊が述べている。[1] その後、民衆の主体的責任を問うという問題意識に基づいて、次第に戦時期の民衆生活の具体的解明が進んできている。本章は、民衆の生活レベルでの欲求——特に立身出世アスピレーション（欲求）——と、「滅私奉公」「尽忠報国」というスローガンに代表される献身イデオロギーとの関係を問う形で、戦時期の民衆意識を考察していくことを目的としている。具体的には戦時体制を下から支えた民衆の最も「積極的」な部分である、憲兵や教員等を取りあげて検討する。

2 立身出世アスピレーションの行方

一九四一（昭和一六）年七月に文部省が出した『臣民の道』では、「滅私奉公」の思想が次のように説かれている。「……国民各々が肇国の精神を体得し、天皇への絶対随順のまことを致すことが臣民の道であり、その実践によって自我功利の思想は消滅し、国家奉仕が大一義となって来る。……皇国臣民の生活は各々その分に生き、その分を通じて常に国家奉仕のまことを致し、皇運を扶翼し奉ることを根本精神としている」。戦時体制下でこうした思想が浸透・徹底していったという説明は、国民が献身イデオロギーにからめとられていったという姿を描くことになる。ところが他方で、一九三九（昭和一四）年に昭和研究会の内政研究会がまとめた「国民組織問題」では、政党政治の没落にとってかわった軍部官僚政治の時代（満州事変ないし五・一五事件から）の「軍部官僚政治の欠点」の一つに「部局、各省樹立、及び功名心、出世主義の弊害」が挙げられている。[2]「滅私奉公」を強く鼓吹していった軍部官僚政治体制の弊害として出世主義が掲げられているのは奇妙な感じを与える。

そもそも、日本の「近代化を支えた心理的起動力」を「出世欲」に求める門脇厚司や、「明治以来の急速な近代化過程において、内面的、主体的な推進力を用意したもの」が

「立身出世主義」だったとする見田宗介など、[3] 近代化を推進してきたエートスが立身出世の希求であったとすることには異論が無いであろう。では、立身出世アスピレーションは戦時期にはどこへ行ってしまったのだろうか。本章の課題の第一は、戦時期における立身出世主義の問題である。以下、この問題についてこれまでの議論を整理しておくことにしよう。[4]

見田は直接的に戦時期の問題を扱っているわけではないが、彼の提出した〈金次郎主義〉が以下の議論につながっているので、簡単に紹介しておく。明治後期になって体制秩序が安定してくると、立身出世のチャンスは限られてくる。それにもかかわらず、「民庶」の上昇欲求が噴出してくるとそれを体制内化する必要が生じてくる。その際民庶の比較的上層部分に焦点をおいた〈現実の誘導水路〉すなわち実際の社会的上昇の装置が、学校系列と官員登用のルートであり、他方低学歴層の〈観念の誘導路〉が〈金次郎主義〉であった。後者は二宮金次郎を準拠像とした、努力と勤勉をひたすら強調する「現実認識ときりはなされた抽象的な精神主義」であった。小学校しか行けなかった層に浸透することによって、体制秩序を維持しながら同時に民衆の能動的なエネルギーを開発し、近代化を社会の底辺で支えていったのが、この金次郎主義であったというのである。[5]

これに対し加賀美智子が、統計データを用いながら明治後期〜大正期には「経済発展の結果として新参エリートの許容、中間層への上昇、下層階級上層への「小上昇」の途」がかなり開かれていたのではないかという指摘をした。金次郎主義は単なる「抽象的な精神主義」ではなく、社会の構造変動に伴って一定の短距離の社会的上昇が可能であったという現実的基盤に支えられていたのではないかというのである。[6]

竹内洋は金次郎主義と「小上昇」とを区別して、後者を「ささやか立身出世主義」という概念で表現した。「体制の秩序が確立すれば、小さな上昇移動の機会は乱世社会でなくとも社会に遍在する。非エリート内の小さな上昇移動も出世であるという〈ささやか立身出世主義〉によって立身出世熱が保温されていったとみるべきだろう」という具合である。[7]この点は加賀の指摘とまったく重なっている。

ただし、この概念はその後の竹内の著作では用いられず、代わって神島二郎のいう「藤吉郎主義」という概念で表現されている。藤吉郎主義とは、「現在の職務に全力を尽くすことが、一段上の地位への昇進につながるという考え方」であって、「段々出世主義」と「第一等主義」との合成物であり被雇用者の地位アスピレーションと結びついている。[8]他方竹内は、金次郎主義を、職務に野心を集中することによって金銭的成功をめざす〈第一種の金次郎主義〉と、上昇的野心を献身報国へ昇華させる〈第二種の金次郎主義〉とに区分する（図2・1）。

加賀と同様に竹内も、「小上昇」の広範な存在を認めて、これを組織内部では藤吉郎主義、農民その他の自営業層では第一種の金次郎主義という概念で示すと同時に、上昇を伴わない勤労それ自体の自己目的化――これを可能にしたのが国家への一体感である――へのアスピレーションの誘導を第二種の金次郎主義と呼んで、実際の小上昇と観念の誘導路との両者を立身出世論の中に位置づけているのである。この点で、彼の論は見田と加賀の両見解を整理・発展させたものといえる。

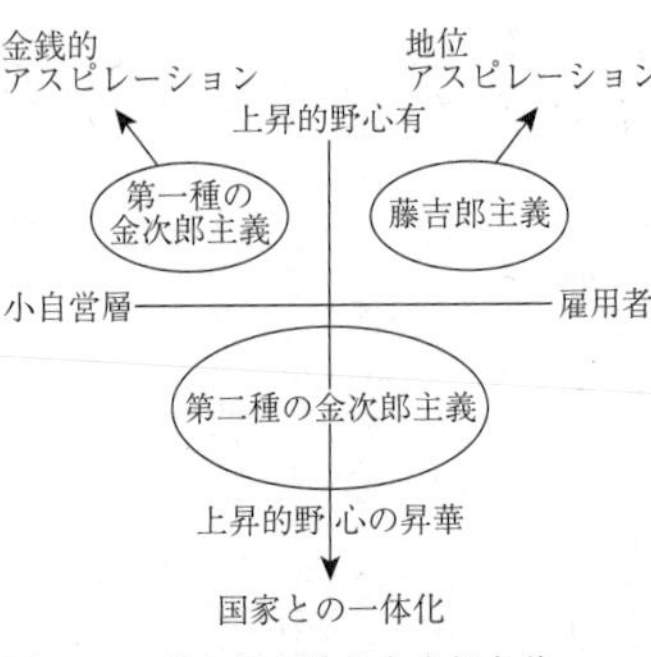

図2・1　藤吉郎主義と金次郎主義
＊竹内洋『選抜社会』181頁より。

ところで、竹内はこういう概念区分に基づいて、昭和の総動員体制下では、藤吉郎主義も第一種の金次郎主義も影をひそめ、「立身出世」は第二種の金次郎主義に転化していったととらえている。図2・1でいえば、第三・四象限へと立身出世アスピレーションが冷却（Cooling-out）されていったというのである。その際にカギになるのが、人格・品性・常識の涵養といった「修養」である。修養主義が立身出世アスピレーションの冷却イデオロギーとなったのが、昭和初期であった、と彼はいう。

冷却イデオロギーとしての修養主義が成功するには、昭和初期のファシズム体制……をまたねばならなかった。というのは、このとき「向上」も「人格」も具体的献身の対象をもつことができたからである。ファシズム体制のなかで「向上」や「人格」は静的な「資質」（quality）ではなく、献身報国の動的「営為」（performance）になる。労働報国や農業報国のスローガンがこれである。このとき「藤吉郎主義」や〈第一種の金次郎主義〉が、上昇的野心を献身に昇華する〈第二の金次郎主義〉に転化する条件ができたのである。[9]

竹内に言わせれば、こうして戦時期は立身出世アスピレーションを冷却するイデオロギーが最終的に勝利した時期（「立身出世主義神話の崩壊」）である。民衆意識は現実の社会的上昇とは切り離された「野心の昇華」の方向に呑み込まれていったというのである。いわば戦時体制になって、見田が〈観念の誘導路〉と呼んだものへと庶民のアスピレーションの方向が収斂していったということである。

しかし、戦時期に関する竹内の議論は実は問題をはらんでいる。それを指摘するために次に安田三郎の論を検討することにしよう。彼は見田や丸山眞男の論をひきあいにだしながら、それまでの立身出世論の概念が混乱している理由の一つに〈規範〉と〈欲求〉の区別が厳密になされていないことを指摘している。〈上からの規範〉〈支配階級の作った規範〉と〈仲間の規範〉〈大多数の個人の間の規範〉と〈欲求〉の三つのレベルの区別が必要であるというのである。[10]この指摘は重要である。先の竹内の論で問題なのは、竹内がアスピレーション＝欲求とイデオロギー＝規範との区別をしたうえで論理を展開しているかに見えながら、実際に立論のための資料として挙げられているのがイデオロギー＝規範に関するものにとどまっていることである。それゆえ「野心の昇華」は〈上からの規範〉あるいはせいぜい〈仲間の規範〉を示す資料に依拠して論じられているにすぎない。たとえば、『少年倶楽部』の記事内容や広告であったり、一九三八（昭和一三）年にだされた杉本五郎の『大義』であったりするという具合である。[11] こうした資料に依拠するかぎり、個々人の「内面」＝アスピレーションの行方を検討したことになってはいないのである。

一方、安田三郎は〈規範〉と〈欲求〉とを区別したうえで、「大正期以後大衆にとって、立身出世の市場が増大したので、ことさらに立身出世を〈仲間の規範〉や〈下における欲求〉として意識することがなくなったのだという説明」を支持している。そして、戦時期の国策研究会が時代風潮を「挙世滔々たるいわゆる立身出世主義」と表現しているのを、「一方で事実として多量の立身出世が存在していたということ……を立証していると同時に他方でいかに支配階級が、〈下における欲求〉のレベルの立身出世を鋭くかぎわけて、それに脅威を感じているかを示している」と述べている。[12] すなわち大正期から戦時期にかけては、事実としての立身出世は増加したため、大衆的には〈仲間の規範〉や〈下における欲求〉が薄らいだが、同時に立身出世意識は体制にとって危険なものであるゆえ〈上からの規範〉のレベルでは否定規範が一層強まっていったというふうに描いているのである。

しかし、立身出世の量的な増加が果たしてアスピレーションを消失させるものかどうかという点で安田の説明には疑問が残る。高等教育への進学を「当たり前」と感じるような社会層が膨張しつつあったのは確かだが、現実の立身出世機会の増加はアスピレーションを社会の底辺層へと汎化させていった可能性もある。「挙世滔々たる」という語句が単に支配層の警戒心の強さのあらわれではなく、むしろアスピレーションの汎化の現実をあらわしたものとみることもできるのである。

いずれにせよ、上昇移動欲求が「昇華」したとする竹内も、上昇移動が可能になって全体としては欲求が薄らいだとする安田も、戦時期の個々人の「内面」を検討して論を組立てているわけではないから、〈下における欲求〉のレベルでの検討を必要としているのである。[13]

3　イデオロギーの「内面化」

以上の第一の課題と関連して、第二に考察していきたいのは、果たしてイデオロギー教化とは何であったかという問題である。石田雄に代表される家族国家観の政治思想史的分析や、従来の教育史研究では、イデオロギーの教え込みの体系として天皇制公教育体制が語られてきている。しかし、それは序論ですでに述べたように、イデオロギーの論理構造の分析であったり、教化政策・制度（装置）の分析であったりして、必ずしもイデオロギーの内面化のプロセスが個々人のレベルで正面から検討されているとは言い難い。これまでの多くの論では、組織やカリキュラムがそのように作られれば「必然的に」イデオロギーの内面化が進行すると暗黙のうちに前提されてきていたのではないだろうか。

二つの点から、こうした〈イデオロギーの自動的内面化〉という枠組みへの疑問が生ずる。一つは大正デモクラシー――昭和の超国家主義という関連で浮かび上がる疑問である。すなわち、戦時体制を実質的に担っていった年齢層は必ずしも強固なイデオロギー教化を経験していないということである。この点に関する松浦玲の指摘はおそらく正しい。

……国家は、いつも一〇〇パーセント天皇だったわけではない。国家を一〇〇パーセント天皇だと意識し、国家を天皇と読み替えることによって自分の生命を捨てることの交換物としたのは、戦争の末期に十代後半ないし二十歳に達した吉本隆明の世代だけだった。……国家が一〇〇パーセント天皇だったから戦争が起こったのではなくて二〇パーセントだったにもかかわらず、十五年戦争の幕は切って落とされその十五年戦争の過程で、天皇の国家における比率は一〇〇パーセントにまで上昇した。[14]

もう一つは、昭和の超国家主義――敗戦という関連で浮かび上がる疑問である。鶴見和子は戦犯軍人の遺書（『世紀の遺書』）の分析から、「「天皇のための死」という規範は、それをもっとも強くたたきこまれていたはずの旧日本軍人のあいだでさえも空洞化し、儀礼化していた」ことを示した。[15]敗戦後も転向しなかった非転向軍人の場合、彼らの非転向を支えたのは、日本軍隊が掲げてきたイデオロギー――天皇への忠誠――ではなく、もっと古くからある伝統的な規範であった。鶴見はそうした儀礼主義が敗戦のショックによるものか、敗戦前からそういうケースが多くあったのかは遺書の分析からはわからないと述べている。[16]

これら二つの点から、戦時期におけるイデオロギーの内面化の実相を正面から検討してみることが必要なことは明らかであろう。かくして、「天皇への献身」「滅私奉公」は果たして内面化されていたのか、あるいはいかなる形で内面化されていたのかという問題が、ここで考察したいもう一つの焦点である。

この点についてあらかじめ述べておきたいのは、天皇に対する民衆感情は単なるタテマエにすぎなかったというふうに単純に割り切れるものではないのではないかということである。作田啓一がいうように、日本社会においてはタテマエとホンネは論理的な使いわけがある一方で、他方では両者の前論理的な相互浸透がある。タテマエとホンネの意識的合理的な使い分けという説明は、主知主義的な立場からとらえた現象の一断面にとどまるのである。[17]作田は天皇に関しても、諸集団や個々人にとってバラつきはあるものの、「標準的な日本人の意識においては、天皇は神聖な存在＝神であったが、同時にまた政治権力の操作の対象である無力な、したがって無垢の存在でもあった」と、タテマエとホンネの相互浸透を描いている。[18] ただし、作田が論じているのは、戦前期一般について、そして天皇の神性に関してである。では、戦時期の「滅私奉公」「天皇への献身」というイデオロギーに関してはどうだったのであろうか。

以下、こうした問題関心に基づいて、自伝や回想あるいはそれらを用いた先行研究をデータとして検討していくことにする。その前にあらかじめ本章の考察の限界について語っておこう。一つは二重の意味での資料的な制約である。

資料的制約の第一は、戦時期には特に立身出世の否定規範が強かったこと、また敗戦を経験して自己の戦争加担責任と関連するものであるゆえ、この問題への当事者の発言は得られにくいし、あとから合理化・正当化したものも多い。ましてや当時に活字化されたものはほとんど資料として意味をなさない。資料的制約の第二には、先に述べたようにホンネとタテマエが相互浸透しやすい問題であるだけに、当事者の自己分析が必ずしも的確でないこともありうる。

もう一つの限界は当時の人々の心理・意識は、年齢・出身階級・学歴・社会的地位や体験によってかなり異なっている。吉見義明が指摘したように、同じ兵士でも壊滅状態に陥った南方での兵士と「敗北感」を経験しなかった中国戦線での兵士では、戦争観に違いが見られるという具合にである。[19]

ここでは、戦時体制を積極的に担った諸集団に焦点を絞ったが、それでも同じ集団内でもさまざまに分化していたはずである。資料に関しても別の解釈の余地があるかもしれないことを考え合わせれば、個々の具体相の詳細な見取り図の作成は今後の研究の深化・蓄積をまたねばならない。本章のねらいは、今後の研究の足掛りとして、彼らの心情と論理に関するいわば可能な像・可能な問題を提示することにある。

第二節　憲兵・兵士・在「満支」邦人

1　憲兵

本節では、まず憲兵の事例を検討した後、軍隊組織における地位上昇の問題、植民地・占領地における日本人の行動の問題について論じる。

はじめに、一九二一（大正一〇）年東京都生まれの塚越正男の例を見てみよう。彼は中学を中退した後、一九四〇（昭和一五）年に入営した。さらに四二年から再度召集になり、憲兵に志願して中国戦線に参加した。侵略中に一〇三人の中国人民を殺害したという。彼は次のように語っている。

私は、昭和一六年には石川島播磨重工業で「神風」という飛行機をつくっていました。その労働者の生活が、私はいやでした。エリートコースを進んでいく友だちは大学に入り、金ボタンの服に真白なYシャツを着て町をのし歩いている。その姿を見て俺も油だらけのナッパ服を脱ぎたいと願ったものです。その私の立身出世の望みはどこにつながったかといえば、天皇制、天皇への忠誠でありました。天皇陛下のために自らの青春を賭けることによって、社会人になれると考えたのです。[20]

……（私は）客観的条件である天皇制というがんじがらめの社会制度の中に自分を置くことによって出世を願ったのです。[21]

私は、自分が出世するには一人でも多くの中国人を殺害することであると思っていました。ですから、拳銃の試し撃ちと称して二人の子どもの頭をぶち抜く訓練をしたり、新刀試し切りと称して斬首（首を切ること）したこともあります。[22]

この地域（敵性地区）に……農民がいるわけです。そうするとなぜ人殺しができるのかというと、それは僕らが受けた教育の中にある〝チャンコロ〟という考え方です。中国人は犬や猫よりももっと下等な動物であるということです。それを僕らが捕まえしかも共産党に通じているとなると、これがさらに倍加するわけです。なぜなら日本の天皇にはむかう奴だということですから、勇気百倍です。こいつを殺すということは自分の星がふえるということになるからです。[23]

次に、高木貞次郎の例を見てみよう。彼は一九一一（明治四四）年に中農の次男に生まれ、高小二年修了後上京して畳表商に奉公していた。一九三二（昭和七）年に入営した後、二年兵の時憲兵志願した。

なぜ憲兵志願をしたかといいますと、「満州事変」の関係で除隊ができないで三年兵四年兵と長引いた古参兵の状況と、非常に社会が不景気であった、それに兄の友達が憲兵になったことを知り、それでは軍人を商売にした方がいいじゃないかと思い、志願したわけです。……自分自身も出世したいという気持もありましたし、家族も母以外は喜んでくれました。[24]

私達のところでは当時伍長になるか、上等兵になるかが成績によって分かれ目でした。私達も憲兵になったとはいうものの当時憲兵隊には中学を出たものが多いのでどうしてもかなわないわけです。だからこちらも、これではいけない、ここでは長続きしないということで、「満州」に行こうと志願したわけです。[25]

もう一人、土屋芳雄の例を挙げておこう。彼は、一九一一（明治四四）年保線工夫兼小作農の長男に生まれ、高等科二年修了後、土木作業員を経て一九三一（昭和六）年入営した。土屋は「どうせ行くなら、と満州の独立守備隊を希望した」が、その理由は初年兵いじめを避けるのと並んで、「一年半で満期除隊し、……帰国しないで満鉄にでも就職し、夢中で働いて一旗揚げる」ためであった。[26]

彼は軍隊内での出世――伍長への昇進を目標に努力した。誰よりも早くメシを食い、さりげなく上官の目にとまるように「こっそりと」便所掃除を続けたりしたのは、「コッツと点数を稼」ぐためであった。そうした努力のかいあって、彼は半年後には六〇人中二番の成績で兵精勤章をもらうことができた。

とはいうものの、「虫を殺すのも嫌な百姓」だった土屋は、刺突訓練で最初に指名された時には心が揺れた。しかし、「……自分は世界一優秀な大和民族であるから、チャンコロの一人や二人殺しても何ら差し支えない。まして戦争中だ。相手は敵だ。より多くの中国人を殺せば、自分の、所属部隊の手柄になり、軍の、ひいては国のためになる」と考えて納得していった。[27]

このように彼は昇進目指してひたすら努力していったにもかかわらず、運悪く直属の上司を戦闘で失い、そのため進級へのコネを失ったため、彼は上等兵進級時には伍長進級が危うい一〇番まで順位が下がってしまった。その不本意な上等兵進級序列が彼に憲兵を志願させた。

憲兵をめざしたのは、給与の面で良かったからだけではない。「努力次第では、出世の道も開かれていた。運を頼るのではなく、日常の勤務に精励し、進級試験に合格すればよかった。憲兵上等兵から憲兵伍長、同伍長から憲兵軍曹になるためには、試験を通ればいい。さらに、……将校になることも夢ではなかった。独立守備隊当時のライバルや、不当な扱いをした特務曹長を見返すどころか、故郷に錦を飾ることだって不可能ではない。自然に張り切ってしまうわけである[28]」。

以上いくつかの例を見てきたのだが、これらから三つのことがわかる。一つは、憲兵が彼らの出世の手段であったということである。「末は陸軍大将」という言葉から比べたら実に微々たる「出世」である。しかし、志願の動機や日常の業務の精励に見られる上昇欲求の強さという点では、決して「ささやか」ではない。上昇移動の距離は短くても、そこには強烈な上昇欲求が存在しているのである。元憲兵が内面を吐露した資料は数少ないが、そのほとんどがここで示したような強い社会的上昇欲求があったことをうかがわせてくれる。職務の精励―階級の上昇という意味で、戦時期の憲兵には〈藤吉郎主義〉が生き続けているのである。

第二に、自己の利益の獲得行為（「自分の手柄」）が同時に所属集団の利益（「国のため」まで）に連続的につながっていたという点である。作田啓一は達成動機を導くものを、達成によって得られる利益の享受者が誰か、という点を基準にして業績価値と貢献価値とに分類する。本人自身のために行なう達成を導くのが業績価値、所属集団のために行なう達成を導くのが貢献価値である。そして近代日本では集団のための貢献価値が文化的に先行条件として存在し、さらに天皇シンボルの形成により、「貢献価値が疑似普遍性を有し業績価値の機能的等価物となる」と述べている[29]。しかし、今見た例では立身出世アスピレーションは、献身イデオロギーに代位されているわけではない。「立身出世の望みはどこにつながったかといえば、天皇制、天皇への忠誠でありました」という具合に、アスピレーション自体は健在なのである。

第三に、「達成によって得られる利益の享受者」は何よりも本人自身であったであろうということである。ここで挙げた例では、必ずしも自分の属している集団への貢献が直接に行為の動機を形成しているのではない。むしろ先行する自己の利益の獲得行為の結果が、予定調和する形で国への献身になっていたのではないだろうか。すなわち私的欲求（出世）実現のための行為（中国人の殺害）が、同時に「無私の献身」を体現した行為（私心ナキ軍人精神ノ発露）として評価されるという微妙な関係である。所属集団への貢献という基準が行為の方向を規定し、同時に行為の正当性を保証してくれているわけである。

2　兵士・在「満支」邦人

ところで、つけ加えておきたいのは、軍隊を社会的上昇の手掛かりにしようとするのは憲兵にのみ特有のものではなく、一般の兵士でもそれなりに同様の傾向は見られた。ここでは軍隊組織における地位上昇の問題を一般の兵士についてみてみよう。

軍隊生活をそれなりにエンジョイした層の存在については、小松茂夫がつとに指摘している通りである。彼はインタビューをもとに、兵営生活で自由を抑圧されていると感じるのは知識人層であり、「労働者および農民においては、兵営生活は一年間の辛棒(ママ)ないし一期の検閲までの忍耐によって全く「コタエラレナイ」自由が獲得される場所であったようである」と論じている。[30] 階級一つ違えば絶対的な命令権を行使しうるという組織原理は、労働者および農民出身兵士には「コタエラレナイ」自由を与えたというのである。

岩手県の農民兵士の体験を掘り起こした研究が示してくれるのは、軍隊を経て巡査などの職を得ることが貧しい農村の次三男には「唯一の立身出世の道」であったり、軍隊での階級の上昇が「階層秩序のきびしい農村社会の中で、その序列を変え得る手だて」であったりしたということである。[31]「農民兵士にとって軍隊はいろいろの意味——義務教育の補完的意味や職業教育、そして出世の糸口だったり、貧しさからの脱出の手段ともなっていたようである」とも述べられている。[32]

同様に、吉見義明も、(1)故郷の生活よりも恵まれた環境、(2)「戦場勤務を通じて伍長・軍曹などの下士官になれば、復員後、村の有力者となる道が開けていた」、(3)「植民地・

での考察にとって特に重要なのは、(2)の側面である。軍隊内における「ごく微々たる出世」が、除隊後の村内における「ごく微々たる出世」につながっていくのである。

それゆえ、中国人農民の刺突訓練にしても、先に挙げた土屋芳雄は例外的な事例ではない。「そういう時に私は、いの一番に前に出ました。初年兵で教育を受けてきたが、こういう時にまず誰よりも先にやるということが、認められ、序列も右翼になり、選抜上等兵になるよい道だろうと思ったのです」[34]（元伍長小林栄治の証言）という具合に、軍隊内の小上昇と結びついた事例を多く見ることができる。

では、「除隊後に「一旗挙げる」のに好適な所のように思われ」ていた植民地・占領地での日本人の行動はどうだったであろうか。端的に言えば、社会的上昇――私的欲望の達成がもっとも顕著に現れたのは、植民地や占領地域においてであった。ここでは大本営陸軍部研究班『海外地邦人ノ言動ヨリ観タル国民教育資料（案）』（一九四〇年五月）という資料から、植民地等における日本人の姿を見てみよう。

同資料は在「満州」・支那の日本人の現状を検討し、今後の国民教育――イデオロギー統制の在り方を考察した内部資料である。[35] そこではいかに在留邦人が「聖戦」の理念とはかけ離れた存在であったかということが赤裸々に描きだされている。民間人は戦時利得を追い求めてうごめいており、それは中国人の敵意を昂進するに充分な「悪業」の数々であり、「満支」での日本軍の宣撫活動を妨げる点で軍部の不安をかきたてている。たとえば、「在留邦人中ニハ今時事変ノ本質ニ対スル認識ヲ欠キ今時事変ヲ以テ恰モ列国ノ従来ニ於ケル侵略戦ト同一視シ為ニ或ハ極端ナル利己的守銭奴的観念ニ隋（ママ）シ戦時治安未確定ニ乗ジ一攫千金ヲ夢想シテ利益ノ為ニハ手段ヲ選バザルモノ或ハ軍ノ名ヲ藉リテ利権ヲ獲得セントスルモノ或ハ誤レル優越感ヨリ支那人ヲ蔑視スルモノ等国策遂行ヲ妨害シアルモノ少ナカラズ」というように、戦闘・占領の混乱に乗じた利益追求に走り、その「細部ノ状況」は、「在留邦人中ニハ朝鮮満州等ヲ点々経由セルモノ多ク常ニ一攫千金ヲ夢ミ皇軍ノ名ヲ利用シ或ハソノ威力ヲ藉リ奸手段ヲ以テ暴利ヲ貪ラントスルモノアリ」というふうであった。[36]

満州でも「建国理念ト国策ノ本義ヲ口ニスルモ実行ト信念ニ乏シク而モ永住的覚悟ナク官吏以下腰掛的気分ニ駆ラレアリ之ガ為各階層ヲ通ジテ口ニハ美辞麗句ヲ以テ大言壮語スルモ計画タルヤ理想論ニ奔リテ国家百年ノ計ヲ欠キ而モ実行性ニ乏シク徒ニ満人ノ不平反感ヲ惹起スルモノ多ク加フルニ利己本位ニ奔リテ利害得損ノミヲ目標トシテ私生活ノ安定ニ汲々タルモノ或ハ一攫千金ヲ夢ミ不当利得ヲ獲得セントシ絶エズ奸策ヲ廻スモノ或ハ官吏ニシテ給与ニ不満ヲ懐キ他ノ営利会社ニ転職セントスル風潮濃厚ナルモノアリ」[37]という状態であった。

かくして研究班では、「国民教育上著意スベキ要綱」として「聖戦目的ノ大精神ヲ認識セシムベシ」等、七項目を掲げるとともに、応急対策として次に掲げる四項目に細かい提案を付している。

1、大陸進出者及び内地人の指導（提案三種類）

2、在留邦人の指導（提案六種類）

3、一般国民（成人）の再教育（提案三種類）

4、学校教育（各学校段階・種類別に提案）

二つのことがこの資料から読み取れる。(1)献身のイデオロギーなどここでは作動していない。「聖戦ノ本質ニ対スル認識」も「大陸発展ノ礎石タル覚悟」も「民族的ニ一致団結スルノ襟度」も「欠如」し、「有ユル機会ヲ利用シテ利財蓄積ニ余念ナキ」私的利益の追求に終始しているのである。(2)中国人に対する蔑視という側面ではイデオロギーが作動している。たとえば、開拓民についての記述を引用すれば、「日本内地並ニ現地ニ於ケル教育ハ国策移民トシテ国士的気概ヲ注入セルタメ徒ラニ自ラヲ高カラシムルト共ニ原住満人民族ヲ蔑視スル観念ト化シ殴打暴行甚ダシキハ殺害スルニ至ラシメ……」といった具合に、他民族への優越感については「教育の成果」が表れているのである。[38]

いわばヨソ者―中国人に対する抑圧＝自己の欲望充足の正当化としてはイデオロギーが発動されており、他方自らの行為はイデオロギーにとらわれない、非献身的な私益追求であった。現地感情を無視した彼らの横暴ぶりに手を焼いて、軍部としてはさらにイデオロギー教育を徹底することを処方箋とせざるをえなかったというのが、この資料を作成した陸軍の立場であった。

吉見は、一九四〇（昭和一五）年の斎藤隆夫の日中戦争処理に関する演説に対して斎藤に寄せられた約七〇〇〇通の私信を分析している。それによれば、圧倒的多数は斎藤の「聖戦」批判に共感しており、そこには⑴戦争の進め方に欠陥があるという方向と並んで、⑵自分たちは領土のために戦争をしているのだから、「聖戦」イデオロギーが掲げるスローガンに飽き足らず、領土や賠償金などの具体的戦果をめざすべきだ、という方向のものが多かった。軍部・官僚の宣伝・教化とは異なり、民衆は高邁な理想の実現を目指して戦争をしているのではなかった。「自分たちは領土のために戦争をしているのだという声は、民衆の本心を吐露したものであった」[39]。それゆえ、軍部が手を焼くほど占領地・植民地の日本人が私利の追求に終始していたのは、ある意味では当然のことであったわけである。

第三節　教　師

本節では「銃後」の担い手として、教師を取りあげることにする。長浜功は戦時期教育における教師の積極性・主体性を次のように告発する。「戦時下の教師は軍部やその他のいいなりになるどころか、それ以上に先走っていたのである。奴隷であっても主人のいいつけ以外のことはやらない。日本の教師たちは権力の意を注意深くさぐり、俊敏に実行に移したのである。その意味では奴隷以下の姿勢だったといってよいであろう」[40]。では、その積極性はどの辺に由来しているのか。

単純に考えれば、教師が「滅私奉公」「尽忠報国」イデオロギーを内面化していたから、「先走って」皇民教育に励んだ、ということになるだろう。確かに、『昭和十五年度壮丁思想調査概況』によれば（図2・2、2・3）、師範学校卒業生は他の学歴段階の者に比べて、とび抜けて「滅私奉公」的な回答の分布を示している。すなわち「自分一身のことを考へず、公のためにすべてを捧げて暮らすこと」（図2・2）を生活態度とし、「お国のためになるから」（図2・3）仕事をするというふうな姿がこの調査から浮かんでくる。藤井忠俊は、この表から、「この調査成績で目を見張るのは、師範学校卒業者つまり小学校の先生の国家意識と滅私奉公精神がきわめて高い点である」[41]と述べている。しかし、果たして話はそんなに簡単であろうか。一九四三（昭和一八）年に師範学校を卒業したある元教師の言葉を借りれば、「戦争協力者ではあっても、積極的な主義者などザラにあるはずもない善良な庶民教師[42]」たちというのが当時の一般的な教師の姿ではなかったのだろうか。

そもそも『壮丁思想調査』では、公と私が対立した形で質問が設定されている。「私」が近代日本においてはネガティヴな評価しか持たなかったことは周知のことであるが、そうであるならば、公への献身がホンネであると断定するには疑問が残る。このことは、学歴が高い層ほど全般的に、私的目標を追求するという者の割合（図2・2の選択肢①「金持になること」や図2・3の選択肢①「立身出世」）が低いという傾向にもあらわれている。高学歴層ほど、「タテマエ」の回答をする傾向があることは戦後の多くの社会調査にもしばしば見られることである。同様に、現在でも教師という職業はホンネとタテマエとの乖離が大きいことは、われわれが日常よく目にするところである。それゆえ、師範学校卒業者すなわち教師が他のグループよりもタテマエを回答したということは十分考えられる。

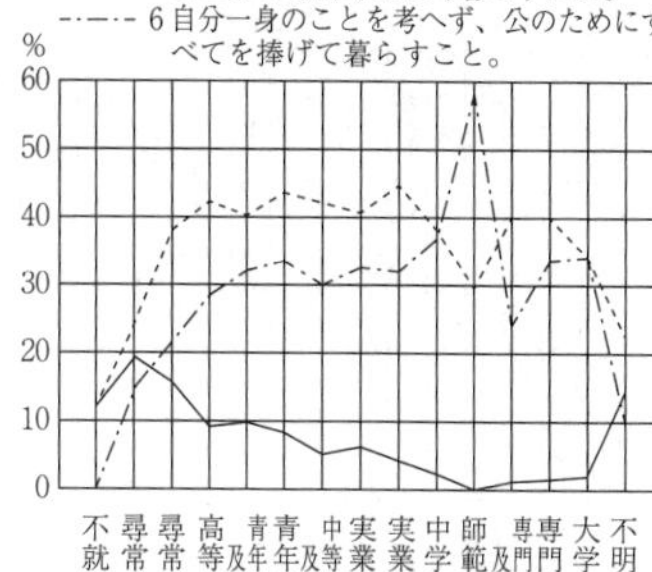

図2・2 『昭和15年度壮丁思想調査概況』（文部省社会教育局）

†生活態度についての学歴別解答

（注） 各回答計の全体に対する％と昭和5年調査時の％（カッコ内）は①8.7（18.6）、⑤40.9（32.6）、⑥30.4（24.2）。

なお、その他の設問では、②まじめに勉強して名をあげること5.0（8.8）、③金や名誉を考えずに自分の趣味に合った暮し方をすること5.4（12.2）、④その日その日をのんきにくよくよしないで暮すこと1.2（3.5）。

＊藤井忠俊「教育のなかの国家と民衆」『季刊現代史』8号より。

また、公への献身と私的欲求の充足という二つが矛盾しない状況をこの質問紙では想定できない。貢献価値や和合価値と矛盾する場合には業績価値に導かれた行為は批判をあびる。しかし、教師のように、職務への忠実な精励がそのまま地位上昇への評価につながりやすい職業においては、公への献身（職務の専念）と私的欲求の充足（地位上昇）とが矛盾しないものとしてとらえられる可能性は十分あったのではないだろうか。

いくつかの例を見ていこう。ある教師は自分の受けてきた師範教育を振り返って次のように反省している。「師範学校をでて教師となれば、判任官待遇となり、校長まで無事勤

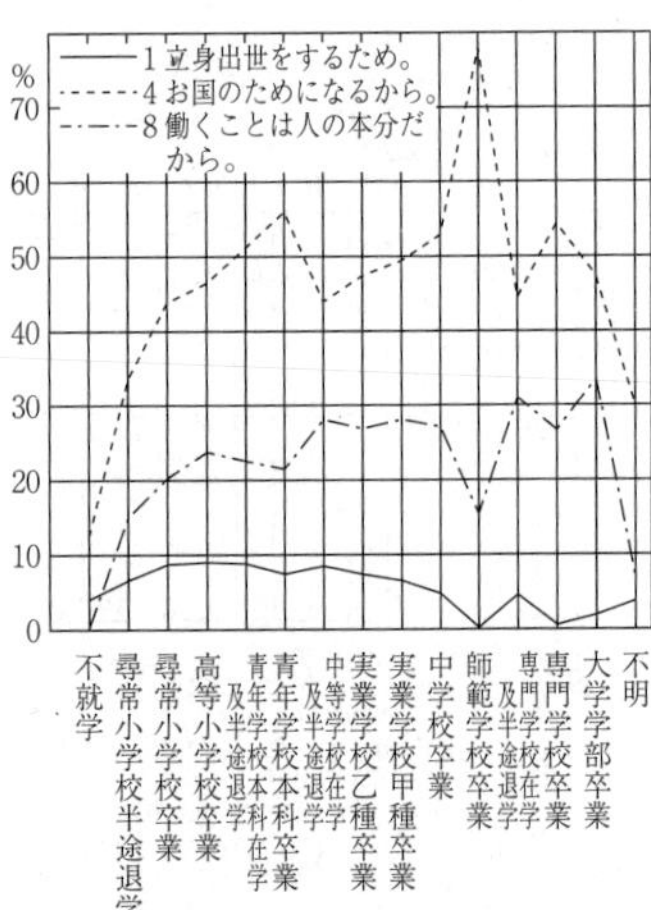

図2・3 『昭和15年度壮丁思想調査概況』（文部省社会教育局）

＊仕事に対する態度の学歴別回答（1940・昭15）

（注） 各回答の全体に対する％はつぎのとおり。
①立身出世をするため7.9、②金をもうけるため0.8、③親達を喜ばせるため6.5、④お国のためになるから50.0、⑤世間の人からほめられるから0.9、⑥独立して生活するため7.3、⑦好きだから1.2、⑧働くことは人の本分だから22.9。
調査人員28,711人（壮丁総人員の約5分の1）。

めれば奏任官待遇の道も開かれることになっていた。生活に苦しむ小百姓や小商人、安月給取りの子弟たちにとっては、天皇の官吏として登用され、栄達の階段へ一歩足をかけることが約束されることは魅力だった。それも国家教育の先兵として、足を踏みはずさずに進みさえすれば間違いなかった。こうして……国家権力に弱く、保身と栄達の道からは足を踏みはずさない師範タイプの人間がつくられていた」[43]。

教員の戦争責任を追求する長浜功は、福島県のある小学校の百年記念誌からある元校長の回想記を取り上げて論じている。「この校長の回想には自分の戦争協力の反省は微塵もない。あるのはただひたすらに業績主義的志向である。この校長にとっては人をつくるより、自分の業績を作るほうが大切だったのである。そういう体質であるから、時局になんのためらいもなくのめり込み、あげ句の果てには戦後になってなおも『皇国の道によって新たなる日本をますます生成発展せしめる国民教育』などという評価を下すのである」[44]。「師範タイプ」への反省や長浜の指摘で重要なのは、「自分の業績作り＝点数稼ぎ」と戦争協力、皇国イデオロギーがまったく対立していないということである。しかも多くの自伝の分析・インタビューを重ねた長浜は、「過剰」な国家意識を供給した教師の方が、終戦後の反省の度合いが少ないのではないかという指摘をしている[45]。もしそうであるならば、地位上昇をめざす教師が「滅私奉公」イデオロギーに基づく教育を強く推進し、敗戦後は簡単に自らの教育理念を改めるということがあっても別に不思議ではない。政治的イデオロギーに関する一貫性はないが、「自分の業績作り」という点では一貫しているからである。鈴木源輔はそうした〈時流便乗型〉の典型である。彼は千葉師範学校附属小学校訓導時代には自由主義教育の旗頭として鳴らし、戦時下では東金で皇民教育実践のモデルとなって多くの著作をだし、戦後は敗戦の翌年には既に『民主日本の教育』等三冊の本を出版している。[46]

長浜が教師の戦争責任を問題にするために、一九八〇年に林進治にインタビューしたときのエピソードは、ここでの問題を端的に示している。かつては自由教育の信奉者であった林は戦時期になると一転して、現場で皇民教育を行ないながら同時にその積極的な鼓吹者にもなった。すなわち、彼は神奈川県女子師範学校附属国民学校に勤めながら、皇民教育に関する本を四冊だしていた。

林にインタビューしたさい、自分の転向をどう考えているかをたずねたところ、明確な返答はなかった。「戦争が始まった以上、勝つために協力することは当然と考えた」と彼はいった。「本気になって八紘一宇を信じていた」ともいった。(中略)インタビューを終えて帰りしな、彼は「人目につきたい、認められたいというのは昔も今も変わりません」といった。[47]

林がインタビューの最後に漏らした言葉は、もっとも積極的な皇民教育推進者ですら、彼らの行為が代償なき「無私の献身」ではなかったことを、はしなくも物語っている。皇民教育という献身の教え込み（およびその鼓吹）はそのまま自分の「人目につきたい、認められたい」という私的欲求の実現に連動しているのである。いわば「無私の献身」は教員としての行動の動機を構成する原理ではなく、行動の方向（何をどう教えるか）に関わる原理であったという言い方ができよう。勿論「自分が口で愛国を説きながら、一体何をしているのかと自問自答して」渡満して国境の訓練所に勤めた教師の例[48]など、「無私の献身」を自らに厳格に課していった者もいないわけではない。しかしほとんどの教師の自伝や回想記には、そうした点での内心の葛藤経験は登場してこない。

教員の詳細な分析は別の機会に譲りたいが、一つだけ強調しておきたいのは、その場その場で与えられたものを誠心誠意生徒に教えようとする教員のメンタリティは、必ずしも教える内容の内面化―納得を必要としないということである。「目標を与えられたら何に向かっても突進する。融通無碍、変幻自在のスーパーマン。戦争が起これば必勝の信念を鼓吹し教え子を戦場に送り、戦争が終われば平和こそすべてだと叫び民主主義をたたえる。社会科で工業立国を強調しその舌で公害を説く。……[49]」といった教師のタイプを思い浮かべるなら、そして敗戦後の自己の教育方針の転換があまりにスムーズであった多くの教員の自伝を思い浮かべるならば、生徒たちに教えたものと、彼のパーソナリティの中核を構成していたものとの間にズレがあったとしても不思議ではない。

国民学校教師であった荻野末が学校代表（「其ノ学校ノ中心指導者」）として参加した錬成講習会について次のように語っている。テキストである『歴代天皇の詔勅』『古事記』『日本書紀』『万葉集』『戦陣訓』『国体の本義』等について、「その一方的解釈に心の奥のどこかで疑問をもっていたとしても、だれひとりそれを口にするものとてなく、わたしも「其ノ学校ノ中心指導者」から、十校二十校のあつまりである「班」の中心者、指導者となって、その一方的解釈のテキストをせっせと学習していたのでした[50]」と。このような教師たちの姿は、教える内容の内面化―納得は教師が生徒を教え込むための前提条件ではなかった様子を表している。

敗戦の年の九月に「急転廻――三千年来これほど転廻したことはなからう。新建設の教育は、軍国主義の打破、民主主義の傾向の復活強化といふ線にそうたものにならうとしてゐる。学校教育はこの意図を体して純一無垢な態度でやらねばならぬ[51]」と記しながら、それが自分の戦時中の行為への反省に結びついていかない向山忠夫などは、そうした教師たちの敗戦後の姿のある意味で典型的な姿であったろう。

第四節　小　括

本章で行なってきた分析は、戦時期庶民のある特定のグループの心理構造のある側面について焦点を当てたにすぎない。しかし、(1)立身出世アスピレーションの行方、(2)イデオロギーの内面化、という二つの課題について従来十分論及されてこなかった点を指摘しうるだけの含意があると考える。

1 献身と立身出世

第一に、立身出世アスピレーションは戦時体制の担い手層の「自発性」の少なくとも一つの源泉でありえたということである。上昇移動欲求は、昇華して精神的な満足感〈天皇への距離感〉へと収斂していったのではない。むしろ〈藤吉郎主義〉や〈第一種の金次郎主義〉がそのまま戦時体制を下から支えたという可能性を本章の諸事例は示唆している。崩壊したフィリピン戦線においてすら、上官への点数稼ぎのために部下を酷使する例も見られたように、戦局が絶望的になってもなお出世主義者は健在であった。[52]見田宗介は近代日本の立身出世主義の内在的矛盾の一つに、「国家公共のために寄与するタテマエと個人〈家郷を背負った！〉の利己的な幸福追求のホンネとの間の矛盾」を挙げている。[53]しかし、本章でみてきたように、戦時体制を積極的に担っていった憲兵や教員では、両者は決して矛盾などしていなかったのである。

ただし、「滅私奉公」が社会的上昇欲求（あるいはそれの消極的な形としての「保身」）を正当化するためだけの単なるタテマエにすぎなかったかといえば、そうではない。前に述べたように多くの場合、ホンネとタテマエは相互浸透しているのである。それゆえわれわれは、完全な私的欲求否定＝〈滅私奉公への没入〉と、完全な私的欲求追求＝〈滅私奉公の儀礼化〉という両極の理念型の間に、二つの現実的な心理構造を見出すことができる。

一つは塚越正男にみられるような、私的利益を第一義的に追求しながらそれが結果として所属集団全体への奉公になるという予定調和の関係にあるものである。この場合、本人も私的欲求を肯定し、行為の動機づけは明らかにそちらから導かれる。これはすでに多くの論者が指摘してきたように、明治以来きわめて一般に見られた性格のものである。例えば作田啓一は「家族や郷党の期待にこたえ（和合価値）、報恩の成果や修養の深化に満足しながら（充足価値）、仕事に励んでひとかどの人物になる（業績価値）という立身出世のコースを通じて、国家への奉公（貢献価値）が行なわれるというのが、中央志向的な環節集団を基体とする（戦前期日本の）価値統合の様式であった[54]」というふうに、こうした予定調和を言いあらわしている。

もう一つの型は、私的利益追求を否定する規範の強さのゆえに、自分の私的欲求を一旦は否定しながら、実際には「献身」と重ね合わされるものである。そこでは「献身」の恣意的解釈―欲望の潜入―献身行為への没入―結果としての欲望の充足という関係をたどることで、自らは献身行為と意識しながら結果的に私的欲求の充足に向かうのである。この場合、行為の動機づけを「主観的に」構成するのは「無私の献身」であるが、実際にあらわれる行為は私的欲求の充足である。長浜功が紹介していた福島県の小学校長はこういう例である。

これらの二つは別に戦時期に新たに登場したものではない。むしろここで強調したかったのは、明治期・大正期と共通の心理構造が滅私奉公イデオロギーの吹き荒れる時代にも変わらなく存在していたということである。あるいは、これら二つの心理構造が戦時体制の官僚組織の末端層に生き続けていたがゆえに、「担い手」層の自発性を引きだしえたのではないかということである。そうであるならば、彼らが自覚するにせよ、しないにせよ、「天皇」「国」は、彼らの「欲望の鏡」であったわけである。

陸軍士官学校・陸軍幼年学校の将校養成教育を分析した本書第Ⅱ部で明らかになったのは、生徒の意識のレベルでは、立身出世アスピレーションは冷却されていなかったということであった。確かに、集団の利害と矛盾する私的利益の追求は「利己主義」として排斥される。ところが、集団の中で認められたルールに従った競争や「努力」「修養」を通して、公的に認められた価値への貢献度を高めることは賞揚されていた。反集団的性格を除去した立身出世アスピレーションは、奉公＝孝行＝出世という同値化によって、立身出世を積極的に肯定する心理構造の形成へと導かれていった。最もイデオロギー的な性格が強かったと思われている将校養成教育ですら、「無私の献身」の教え込みは立身出世アスピレーションを消し去らなかった。

このように、「滅私奉公」と「立身出世」とが矛盾・対立しない心理構造の存在を認めるならば、前節で教員を論じた時言及した図2・2等もその数字の読み方は微妙になってくる。教員の仕事が公への献身（職務の専念）と私的欲求の充足（立身出世）とが矛盾無く接合しやすいがゆえに、師範学校卒業生の「滅私奉公」的回答の多さは、「予定調和」型あるいは、「献身による欲望実現」型の心理構造を示したものと解釈すべきである。もちろん、「献身」行為の裏に存在した私的利益・私的欲求は多種多様である。[55] しかし、天皇に収斂する官僚組織が戦時期に急速な拡大を遂げたことを考えるならば、ここで見てきた通り、社会的上昇欲求（あるいはそれの消極的な形としての「保身」）は、庶民の私的利益・私的欲求の主要なものの一つであり続けたのではなかろうか。

次に掲げる二つのペン習字の広告は当時の庶民の心情と論理を端的に示している。

「キット上手になるペン字上達法。ペン字上手は就職には勿論、実務に最も重要だ。手紙に、代筆に、記帳に、速く美しく書ける人はきっと立身出世が出来る。」

（日中戦争期）

「ペン習字、肉筆本位通信教授。工場・会社・役所も今はすっかりペン字になりました。これからはペン字が下手では何職業でも不便ばかりでなく、立派にお国に御奉公することも出来なくなります。」

（昭和一七年以降[56]）

日中戦争期にまだ「立身出世」の語が占めていた位置を、太平洋戦争期になると「御奉公」という語がとって代わっている。これは、「無私の献身」の教え込みによって立身出世アスピレーションが消失したことを意味しているのではない。戦時体制の深刻化により、立身出世を否定する規範が最大限まで強化されていった結果、「立身出世」は集団利害を脅かす言葉として公然とは使用できなくなった。それゆえ、広告を出す側も読む側も、「御奉公」を「立身出世」と同じものと読みかえて解釈していたことを示している。「御奉公」は「立身出世」だったのである。

2 イデオロギー教育の機能

次に第二の課題について考察していこう。「滅私奉公」「尽忠報国」を教え込む教化体制の成立とそれらの徳目の内面化とは区別して考える必要性があり、公教育・軍隊等の教化装置の機能は、信仰としての内面化＝代償なき献身への動機づけへの誘導とは異なる次元で作動したと考えるべきであることを、本章での検討は示唆している。そこでは二つの点を指摘することができる。

まず一つは、教化体制が教え込もうとした「無私の献身」は多くの場合、必ずしも個々人の行為の「動機」を構成するものではなかった可能性があるということである。行為の方向を基本的に限定し、行為の結果を正当化するものが「無私の献身」であったにせよ、個々人の行為の動機は別の箇所に存在しえたのである。単純に考えても、たとえば軍隊の内務班教育で行なわれたような、軍人勅諭の暗誦等の方法で個々の兵士が「無私の献身」を誓ったとは考えがたい（第Ⅱ部第五章参照）。

鶴見俊輔がいうように、天皇がだす勅語は、「善悪の価値判断の基準」であったが、その習得は一種の文法の獲得のようなものであった。

> これらの勅語の要所を占める言葉は、それらの言葉によって日本人が自らの道徳上ならびに政治上の地位を守るために用いる言葉です。これらのカギ言葉を繰り出すことに習熟すると、天皇に対して忠誠な臣民であることの定期券（パス）を見せる役割を果たすことになります。（中略）一度これらのカギ言葉を自由に使えるコツを覚えますと、あまり考えることなくいくらでも話したり書いたりすることができるようになります。というのは、これらのカギ言葉の使い方には一定の組合せと変形の規則があって、その規則に従えば組合さってくる文章はどれも同じ意味のものとなり、経験と結びつけて確かめていく作業を必要としないからです。[57]

何が正しいのかは勅語が基準になるにせよ、文法さえ習得してしまえば、「あまり考えることなくいくらでも話したり書いたりすることができるようにな」る性質のものであった。その意味では、「なぜ正しいのか」を考究する必要はないのである。

本章で検討してきた諸事例を見るかぎり、教化は「何が正当な価値である(とされている)か」の教え込みという点に関しては成功している。この点に関わって興味深いのは、小松茂夫が諸種の人への聞き取り調査から、「国家の存在根拠に対する理性的な問いが、いずれの思想歴においても完全に脱落している」ことに真っ先に気づいたということである。彼はそれを「国家権力への自己の倫理的判断の白紙委任がそれ自体合倫理的なものとして確信されるにいた」ったものと説明している[58]。既存の権力の存立根拠に対する「白紙委任」こそが、人々に共通に見られるイデオロギー教化の「成果」であった。それゆえ、彼らは「何が正義であるか」については合意していた。中国人殺害や教え子を戦場に送ること、戦争遂行に非協力的な隣人を「非国民」と非難することはいずれも「正義」なのである。確かに「なぜ正義なのか」を「説明」しようとする空疎な言説が戦時期には充満していた。しかしその「説明」に納得したがゆえに庶民は戦争に協力していったというのは、皇道主義的右翼や転向知識人・学徒兵の経験を拡大解釈した一面的な説明にすぎない。

学校教育・軍隊の内務班教育・マスコミを利用した教化等を通して達成されたのは、多くの人にとっては、「善悪の価値判断の基準」=「正義」の所在に関する承認と、「カギ言葉を繰り出すこと」の習熟=文法の獲得とであったというのが、「内面化」の実相だったのではなかろうか。

もう一つ指摘しておきたいのは、そうした教化は、組織・集団の秩序を維持し、それを正当化する機能を果たす点では一定程度「有効」であったということである。

国民精神総動員運動に見られる運動形態や軍隊内での軍人勅諭の暗誦も、「忠誠な臣民であることの定期券を見せる」機会を反復することによって、命令―服従関係が絶えず再確認され、当局や上官の命令には逆らえないものであることを教え込む効果がある。それによって庶民や下級兵士の服従の調達が可能になれば目的は達成されるのである。その意味ではイデオロギー教化は、必ずしも「無私の献身」が内面的な規範性にまで達しなくても戦時体制を支える機能を果たしたといえよう。いわば、イデオロギーの教え込みの内容ではなく、形式が「隠れた機能」として既存秩序の不断の再確認と実質的な服従の調達を可能にしたのである。

もしそうであるならば、知識人の言説や教科書の内容に盛り込まれた教義の体系から天皇制を分析するのではなく、社会の様々な場面に広く埋め込まれていった実践の総体として天皇制を分析していく視点こそが重要である。戦時期における空疎な言説をいくら内容分析してみても、なぜかくも人々が「天皇のため」に動員されていったのかを究明することはできないであろう。むしろ微細なイデオロギー発動の場面の集積を一つ一つ解剖していくことが必要なのである。

〈結論〉 陸軍将校と天皇制

第一節　近代日本の陸軍将校

1　まとめ

本書のそもそもの関心は、戦前期の教育とはいったい何であったかについて論じることにあった。しかしながらそれは次節以下に回して、本節では、陸軍将校を具体的な対象とした考察のまとめと、そこから得られる含意を論じることにしたい。

第I部で見てきたように、日本の将校のリクルートは、当初は学歴による受験資格制限もなく、官費制や下士からの昇進などにより、多様なキャリアを経て将校になることが可能であった。しかし、明治中期からは陸幼が将校の子弟等を除いて自費制になり、陸士の受験資格が中学卒業以上になることによって、また、下士からの昇進の道が閉ざされることによって、社会の中層以上の階層でなければ、ほとんど将校になることは不可能であるようなリクルート構造となった（第I部第一・二章）。

しかしながら、もう一方で、「将校への道」の威信の低下も同時に進行していった。都市部のエリート中学生たちは、高校―帝大への進学ルートに集中して、軍人への道は望ましいとは思わなくなっていった（同第三章）。社会階層的にも上層よりむしろ中層の子弟を集めるようになっていった（同第四章）。貴族的伝統の強かったイギリスやドイツの軍隊とは異なり、日本では社会の最上層の成員にとって将校の進路の社会的な威信や魅力が急速に失われていったことがわかる。結局、日本の将校の輩出基盤は、当初は経済的基盤を失った旧特権身分層――士族――を主たる母体とし、まもなく開発途上国型のモデルに近い、社会の中層部分と結びついたものになっていったのである。陸士―将校への道は、経済的な不安定要素を抱えた階層出身者の安価な立身出世のルートであったわけである。

また、第Ⅱ部では陸士・陸幼の教育は生徒の立身出世の野心を冷却するものではなかったことを明らかにした。個人の野心を家・共同体への貢献、さらには国家や天皇への貢献へと水路づけるカリキュラムが、逆に貢献の結果としての個人の野心の実現を正当化する役割を果たしていた。イデオロギーの教え込みは、必ずしも純粋に無報酬の「滅私奉公」の心情を養成したわけではなかったのである。

第Ⅲ部第一章では、大正期・昭和初期は将校の立身出世市場の沈滞状況が生まれていたことを論じてきた。また第二章では、陸軍将校を離れて、戦時期に積極的に体制にコミットしていったいくつかの社会集団について検討を加え、彼らの体制へのコミットが「妄信」による無報酬な献身感情によるものであるよりもむしろ、社会的な小上昇（立身出世）と結びついたものであったことを示した。

これらのことから、昭和戦時期の将校についていくつかの仮説が、検討に値する命題として浮かび上がってくる。

まず第一に、昭和期の政治過程における政党・文官と軍部とを、異なる出身背景を持った集団の対立ととらえることが可能である。すなわち、明治末以降、特に若い世代になるほど、陸幼—陸士と旧制高校—帝大は、異なった社会階層を出身背景に持つようになり、そのリクルート基盤のズレが、軍部と政党・文官との意識や関心の差を生みだすひとつの要因になっていたのではないだろうか。[1]

ただし、第Ⅰ部第四章でみた、欧米での論争の中で指摘されていたように、将校の経験する社会化過程こそが軍人の専門職性や政治的態度により重要な影響を与えるという指摘もあるから、将校の出自を安易に彼らの政治的態度と結びつけることには慎重でなければならない。また、「国家的「特権」や国家目標の独自性のまえには、「出自」などがほとんど無意味である」[2]と、文武官が出身階級とは切り離された独自の利害関心を共有していた点を強調する論もあるし、また官僚的なセクショナリズムや政治的ビジョンの相違こそが軍民の対立に決定的に重要であったともいえる。

しかしながら、少なくとも、「将校養成諸学校は、陸幼を除き官費であったため、貧農の子弟でも入学することができた。この点では師範学校と共通性をもっていた。当時、高い学費を出して高等学校から帝国大学への道を歩み、高級官僚になった者の家庭のほとんどは、比較的、経済的に恵まれた高級官僚や高級サラリーマン、商業者などであった。陸士や海兵に進んだ者の相当数は、心情的にはこのような高級官僚と対立的にならざるをえなかった[3]」という面は、確かにあっただろうと思われる。

さて第二に、陸軍将校たちは、現実の社会経済的地位と心理的帰属感との間にズレが生じていたのではないだろうか。彼らのほとんどは、「一流の進路」としての自負をもって陸幼や陸士の門をくぐったし（第Ⅰ部第三章）、陸幼や陸士での教育は、「エリートとしての矜持」や「天皇への距離の近さ」を強調するものであった（第Ⅱ部第三章）。また、軍隊組織においても、「将校ノ品位ヲ重クスル」ための方策がとられ、将校は、下士や兵卒とは品位や教養の面で卓越した、エリートたるべきことが強調されていった（第Ⅰ部第二章）。位階勲等からいっても彼らの地位は非常に高いものであった。しかしながら、昇進の遅滞、俸給水準の相対的低下、退職後の生活難等により（第Ⅲ部第一章）、大正中期から昭和初年にかけて、彼らの心理的な帰属階層と現実の生活との間に大きなギャップが生まれていた。「今日ノ将校ハ畏クモ大元帥陛下ヨリ股肱ト頼マレ終身官トシテ此ノ上ナキ名誉ノ地位ニアリナガラ、一部ヲ除クノ外ハ表面ハ兎モ角実際ニ於テハ常ニ将来ニ対スル不安ノ念ヲ懐キ居ル結果無意識ノ間ニ国軍ノ士気ニ重大影響ヲ及ボシ居ルノデハナイカ[4]」

という悲観的な声が昭和初年に聞かれるような状況だったのである。
　こうした現実の社会経済的地位と心理的帰属感との間のズレから生じた不満は、軍内部に向かえば、過度に優遇されているように見える陸大卒業生（「天保銭組」）への怨嗟の声となったであろうし、軍外に対しては、前述した政治的分節化と相まって、政党や政治に対する不満ともなっていったであろう（第Ⅲ部第一章）。
　第三に、これまで「封建的後進性」と批判されてきた軍隊組織の諸問題は、実は経済的基盤を欠いた将校の保身という点から理解されるべきである。第Ⅱ部で明らかにしたように、陸幼や陸士での献身イデオロギーの教え込みは、将校生徒の私的欲求を消し去るものではなかった。とすると、「万年大尉、千年少佐」と呼ばれるような昇進の停滞の中で、「受身の下から望むなら、要するに、一日でも永く勤めさせて頂く、是、大部の叫びではないでせうか」[5]という老将校たちが保身に汲々とし、若い将校が抜擢昇進のキップを手に入れようと抜けがけに走るのは当然なことであろう。検閲の形骸化、事件のもみ消し、功名争いや下剋上は、単なる「後進性」に還元できないのではないだろうか。また、丸山眞男のいう「日本ファシズムの矮小性」[6]――既成事実への屈服、権限への逃避――は、彼らが職権の範囲内でその権限を目一杯利用した結果から来る、自己弁護の態度であったということができる。[7]
　第四に、こうした観点に立てば、政治や国民生活への軍部の介入や、軍事的拡大を望む軍部内の強い空気は、生活上の危機を払拭し、社会的上昇をめざす、俸給生活者としての将校の、いわばアナーキーな地位上昇競争の志向性に支えられたものだったということができるのではないだろうか。

ただし、この点については、第Ⅲ部第一章の小括でも述べたが、誤解を招かないように繰り返し補足しておきたい。私が述べているのは、将校の立身出世の衝動が「一五年戦争の原因」であるということではない。戦争の「原因」は、マクロ的には政治や経済や外交のような構造的な要因に、ミクロ的には特定のキイ・パーソン(石原莞爾等)の思想や行動に求められるべきであるだろう。むしろここで強調したいことは、彼ら将校が単に妄信や狂信によってつき動かされていたのではなかったであろうということである。満州事変の勃発は、彼ら将校にとってきわめて好ましい状況を生みだした。陸士や陸幼を目指していた時からの夢に、自分の働き次第で近づけるかもしれないのである。もちろん誰も太平洋戦争末期の悲惨な状態を予測しえなかった限りにおいて、それは「好ましい状況」であったのだが。

2 戦時期将校の意識と行動

日本の軍部、特に満州事変から日中戦争へと軍事的拡大を進めていった時期の軍部については、従来主に二つのイメージで語られてきた。一つは軍人勅諭や武士道精神、超国家主義等に関する思想史的なアプローチから導出される、天皇制イデオロギーの信奉者としての軍人像であり、他の一つは、エリート研究や政治過程や派閥研究が暗黙に描きだしてきた、立身出世主義者としての軍人像である。

しかし、思想史的な側面を扱った前者のアプローチでは、規範としての「軍人精神」に重点が置かれ、表面に現れない個々の軍人の欲求の次元が見落とされ、歴史の中でのイデオロギーの役割が過大評価される危険性がある。一方、軍人の社会移動や政治的行動に注目する後者のアプローチでは、天皇制イデオロギーが軍人の意識において占める位置が不明確になり、それが果たした機能を無視しがちである。

また、個人の思想形成に関する研究や派閥研究はほとんどが青年将校運動の担い手やトップエリート将校を対象としている。そこから、軍紀の紊乱や退廃をもたらしたのは、少数の「政治軍人」であり、「九九%、否もっと多数の将校は、こういう争い（派閥争い）とは、縁もゆかりもなく、戦場に、満州に、また内地衛戍地に、国家のために、ひたすらその使命に尽瘁した」[8]といった見解もでてくる。しかし、本書が明らかにしてきたように、規範としての「軍人精神」と欲求としての立身出世主義とが必ずしも矛盾するものではないことを考えれば、「職務に精励した大部分の軍人」が、果たして「国家のために、ひたすらその使命に尽瘁した」のかどうか疑問が湧いてくる。

わが国では「国家公共への献身」と「官途に就く立身出世」との二重構造が、そのどちらかへと整序されることがなかった。その結果、「集団内の割拠主義と官僚機構への人材の集中、年功序列主義と下剋上的稟議制度、機構信仰とオポチュニズムの組み合わさったわが国の独特のダイナミズム」が生みだされた、と高畠通敏は論じている。[9] この献身と立身出世との二重構造が果たして高畠のいうように日本に独特なものであるかどうかという点は大きな問題点であるが、少なくともその二重性が、日本の近代化を推進する精神的な駆動力となったと同時に、昭和戦時期の将校のさまざまな行動の基底にあったといえるのではないだろうか。

福沢諭吉の有名な「一身独立して一国独立す」という言葉が示すように、明治初期の社会は、「国家公共への献身」と「官途に就く立身出世」とが予定調和の関係に立っていた。しかしながら、明治後半期以降になると、この予定調和は崩れていき、立身出世を警戒し、批判する主張が繰り返されるようになった。昭和初年に、そして戦時期に体制が「立身出世主義」を厳しく否定したのは、それが非国家的な性格のもの、すなわち「公的に無責任な自我」の跳梁を警戒したからであった（第Ⅲ部第二章）。

しかしながら、「立身出世主義」が非国家的あるいは反国家的になるかどうかは、立場や階層の状況によって異なるといえる。陸軍将校の場合、組織内部の昇進をめぐる競争が激化した大正末から昭和初年にかけての立身出世主義は、利己的で打算的な、集団の秩序を乱す態度として周囲の目に映ったであろう。しかし、いったん戦火が起きると、国家と個人の予定調和の関係は修復することになった。職務への専心（奉公）―手柄や功績―名誉や出世という予定調和である。

そもそも、戦時における将校の心理が、勲功を立てることによる立身出世や栄達の野心に貫かれていることは、基本的に普遍的な現象であるということを、A・ファークツは指摘している。[10] また、平時における立身出世主義の横行にも彼は言及している。[11] ドイツの将校がファシズムに吸引されていった理由を、彼は、ナチスが軍部の基盤である農村の利害に関心を払ったこと、軍人の社会的威信を上昇させたこととならんで、「軍隊を拡大し、軍人たちに急速な昇進をもたらしたこと」を挙げている。[12] また、第一次大戦に関しては、彼は次のように述べている。統一的な戦争遂行の背後で、「将軍たちは自分たちが個々に立案した勝利の方策のために戦い、下級将校たちは戦争荒れ狂う最中に、昇進と勲章を得ようとしていた」。[13] そしてこのような、昇進をめざして上官にこびへつらい、勲章を狙う下級将校の行動は、「あらゆる戦争のほとんどあらゆる戦線の背後で行われ」てきた、と。しかも、そういう側面は「軍隊の因襲に従えば、書きとどめられるべきではない」[14] ものであった――軍隊史や戦史の表面に記録される性質のものではなかった。

日本のケースに関する本書の分析は、こうしたファークツの指摘に関して日本の将校も例外ではなかったことを示唆している。満州事変後の将校の心理が、勲功を立てることによる立身出世や栄達の野心に貫かれていたこと、そういう側面は戦史の表面には記録されてこなかったということである。
ただし、単なる共通性にとどまらず、本書では、こうした将校の心理をいっそう昂進するよう作用した社会的要因が、日本の場合には存在していたことを明らかにしてきた。すなわち、(1)社会的出自の点、(2)将校の生活や昇進に関する状況的な要因、がそれである。また、「献身」の教え込みが将校生徒の野心を冷却しなかったことについても、第Ⅱ部で確認してきた。戦時期の将校たちが、「天皇への献身」「聖戦」の名の下で、野心の実現や保身に向けて汲々とせざるをえなかった構造的な要因が、確かに存在していたのである。少なくとも戦況が決定的に悪化する以前の日本の将校の意識や行動は、そうした「軍隊の因襲に従えば、書きとどめられるべきではない」ものによって、説明されねばならないのではないだろうか。

とはいえ、将校たち自身は、任務の遂行を主観的には「国のため」と正当化するかぎり、しばしば自己の行動を純粋な「滅私奉公」として意識していたであろう。B・J・ブレッドスタインは、アメリカにおける専門職化の弊害として、社会に対する奉仕という理想主義と独占的私利私欲とが区別できないことを挙げているが[15]、職業軍人を公的サービスとする専門職とみなすなら、自己の利益と社会的利益との混同が生じるのは、どの軍隊でも同じかもしれない。しかしそこには「天皇への忠誠」を第一に掲げていたことからくる、大きな違いが存在していた。

「行政」観念の成立の丹念な分析を通して井出嘉憲が明らかにしたように、わが国では「天皇が横と縦の「権ノ相分レ」構造の上に「超然表出」するという構造図式」による官制を備えるに至ったため、「頂点の「超出」的権威たる天皇に直結する「政府」＝「行政」が、他の二権および国民――そして地方自治体――に対して「超出」的権威を誇示することにな」った。[16] そこでは、国民の意思＝〈相対的公〉は、天皇の〈絶対的公〉を包み込んであらわれる「官」に原理的に服属させられることになる。しかも「現実には、天皇の絶対的権威は「官」によって利用されるにとどま」[17]っていたため、最終的には個々の官僚――ここでは将校――の専断恣意をチェックする客観的な準則がないという事態が生まれた。

究極の献身対象が国民ではなく、天皇とされたことによって、非合理的な命令を拒否したり、より的確な代案を進言したりすることが不可能になるのである。本来奉仕対象（顧客）たるべき全国民の総意すら拘束力をもたないことになるから、無制限な権力＝恣意の浸透に対する歯止めが無いこと、同時に、命令―服従関係が道徳的な上下関係とされることによって、全人格的な支配が可能であった。こうした点が、アメリカの専門職の一般的性格との決定的な相違であった。

しかも、戦争の形態の変化によって、当時のどこの国でも、軍事的領域と政治や社会の他の領域との境界は、従来ほど明確に区分できるものではなくなっていた。第一次大戦以前は戦闘技術面のみに限定されていた軍隊の社会的役割は、総力戦という形態へ移行することにより、国民生活全般が戦争指導の対象となっていったからである。「今や軍人というものは、国民を戦場で指揮する英雄ではなく、内政・外交のほとんどすべての側面に常時目を配らねばならない、テクニカル・アドバイザーになった」[18]のである。その結果、日本においても総力戦体制への移行の中で、軍人の業務上の権限や管掌範囲が無限定に広がっていった（国民生活全体すべてが「戦争指導」の対象となる）[19]。

無制限な権力＝恣意の浸透に対する歯止めが無いシステムのもとで、国民生活のあらゆる領域が「戦争指導」の対象に包摂されていく――私的利害と献身報国とが不分明な将校たちの発言や行動が国民生活全般に侵入してくるのをチェックし、歯止めをかける論理が不在であったわけである。天皇の名による命令を止めるのは最終的には天皇本人しかありえないわけであるから。

敗戦によって、個人的欲望と天皇への献身との予定調和は破綻をむかえた。私の見るところ、献身感情は、かえって敗戦後に進んだように思われる。私的欲望（立身出世や名誉心の充足等）は意識下へ抑圧され、戦時中の自らの行為や思考はあたかも純粋な献身行為として追体験されることになった。ファークツは第一次大戦後のドイツの例から、「戦争のロマン化」が事後的に将校の「献身」感情を捏造するということを指摘している。「戦争のロマン化」とは何か。

戦後、ヒンデンブルグと彼の官僚的代書人たちが、ドイツ国民の期待に対応して、「忠誠こそ名誉の精髄なり」と宣言したとき、「その宣言を発したのは、ほかならぬ皇帝である」、と畏敬の念をもって信じられたのであった。だが、そのような高潔な感情が、戦争中の将校間の諸関係を特徴づけているとはほとんどいいがたい。それにしてもその宣言が、このように行なわれたかぎりでは、そこには戦争――流布していた観念に従えば、戦争は献身的僚友関係を常態とするもの――のロマン化という方策がこめられていた。[20]

おそらく第二次大戦後の日本の将校も同様であったであろう。「純粋な献身感情」が、敗戦によってかえって励起されたのではないかと思われる。特に、献身と私的欲求とを重ね合わせる心理的メカニズムにおいては、事後的には容易に自己のかつての私的欲望を隠蔽・忘却することができる。個人（立身出世）―家（孝行）―国・天皇（奉公）の予定調和的な連関構造のもとでの自己の発言や行動が回顧される場合に、自らの行為の動機の事後的な解釈は第三項（奉公）へと収斂し、前の二項（立身出世・孝行）は隠蔽ないし忘却される。自分はひたすら国のため、天皇のためを思って、あらゆることを行なったのだ、と。

第二節　イデオロギー教育とは何であったか

周知の通り、「子どもの自発性」や「子どもの自主性」は、大正期の新教育運動で繰り返し語られた。しかし、教育史研究者が考察の対象にするのは、往々にして、当時の教育学者や教育家が「教育について語ったもの」にすぎない。せいぜい、当時の運動や教育実践の中で「教育として何がなされたのか」を明らかにするにとどまっている。「子どもにとってそれが何であったのか」はほとんど究明されたことがない。教育を意図した、教師の生徒へのはたらきかけを、生徒自身がどう受けとめ何を感じ、結果として彼らに何が残ったか、といったレベルでの分析はこれまでほとんどなされてはこなかった。

「子どもから」を標榜するある教育家や運動を研究者が分析対象としてとりあげることは、「子どもから教育を見る」ことと同じではない。「子どもの立場に立った教育」を主張した議論は、一つの大人(教育する側)の立場の表明であるにすぎないからである。[21] 教育史研究の中で、マイナーな運動や教育思想家が不当なほど重視されてきたのは、一つには国家権力対民衆というマクロな前提仮説が存在してきたためであるが、もう一つ、「善なるもの」への安易な寄りかかり、という教育史研究者の知的怠慢を示しているものではないだろうか。

教育を受ける側の視点の不在という問題性は、天皇制イデオロギーの教え込みを分析する教育史研究にもあてはまる。序論で述べたように、これまでほとんどの研究は、何がどう教えられたのかの次元までしか探究のメスを入れてこなかった。被教育者に教育として与えられたものは、そのまま被教育者に〈内面化〉された（はずだ）という前提を置くことによって、これまでの研究は、教育行為を通した被教育者の〈内面〉の変化を分析したかのような像を描いてきていた。つまり、序論で提示した〈自動的内面化〉論を暗黙の前提とすることで、被教育者の内面そのものは、「教育について語られたもの」や「教育として語られたもの」によって「説明」されてきたのである。

しかしながら第Ⅱ部の各章の分析を通して、この〈自動的内面化〉論はあまりに単純で粗雑な見方であることが明らかになった。陸軍士官学校・幼年学校の教育について、(1)フォーマルな教育目標やカリキュラム（教則レベル）、(2)日常的な教育・学習行為（相互行為レベル）、(3)生徒の意識（内面レベル）という三層の分析レベルにきちんと分けて検討していった結果、公的に標榜された教育理念が、必ずしもそのまま教育現場に貫かれていたわけではなかったことが明らかになってきたからである。

ここでは、第Ⅱ部の考察から明らかになったことを、その含意に言及しつつ、三つの論点に分けて論じることにする。

① イデオロギー教化の現場でのゆらぎ

陸士・陸幼で実際に語られた訓話の検討から、そもそも、フォーマルな教育目標に掲げられたイデオロギーが、効果的に、また、そのままの内容で、生徒たちに伝達されたとはかぎらないことが、明らかになった（第Ⅱ部第二章）。

作文とその講評を通して「軍人精神」の涵養・献身イデオロギーの内面化をめざしたある教官は、一方では、単なる軍人勅諭の暗記などによる機械的・形式的な答えを求めるのではなく、勅諭の十分な理解と考察とを要求した。しかし他方で、適切な文章を要求する余り、かえってそれが瑣末な表現の巧拙の講評になってしまっていた。それは「カギ言葉を繰り出すことに習熟する」[22]という意味では、効果があったかもしれないが、イデオロギーを内面化する契機としては、不十分だったにちがいない。

別の教官の訓話では、公的な教育理念とは異なって、生徒の立身出世の野心は肯定されていた。すなわち、自我の自然な「至誠」の感情の発露が、国家への貢献に向かう努力として位置づけられるかぎり、立身出世は否定されるどころか、むしろ称揚されていたのである。生徒たちの努力の源泉が、「英雄」とか「栄達」をめざす野心であったかぎり、教育する側も「献身報国」と「野心の肯定」とを結びつけながら生徒の自発性を引きだしていたわけである。

これらの事例が示しているのは、教則レベルに規定されたイデオロギーと、実際に教育者―被教育者の相互行為レベルでのイデオロギーの扱いとの間に、ズレや歪みが存在していたということである。〈自動的内面化〉論の問題点の一つは、このように、決められた内容が現場で効果的に教え込まれなかったり、異なる内容に変質させられて教え込まれていた部分が見落とされているということである。

それゆえ、全国的な教育政策や個々の学校で公的に掲げたカリキュラムの内容を、そのまま実際になされた教育とみることには問題があることになる。むしろ、マクロな公的カリキュラムとのズレに注目しながら、ミクロな相互作用としての教育実践の具体相を明らかにしていくことが必要なのである。

② 主体的契機がある「内面化」過程

第二に、将校生徒の場合、彼らは自発的・積極的にイデオロギーを内面化していっていた（第Ⅱ部第三章）。一般の国民に比べて、天皇を崇敬する心情とか国への献身を誓う態度は、確かに強かったといえる。しかしながら、それは彼らのエリート意識を媒介としていた。皇室との接触は、彼らの「選ばれた者」としての地位と名誉、それに付随する責任を自覚させる契機になった。彼らの自治――相互監視のシステム――を支えたものも、エリート予備軍としての自負・プライドであった。彼らはエリートの地位と引きかえに、自発的に自分たちを「望ましい将校像」という狭い枠にはめ込んでいった。約束された将来に向けて自らを社会化していったわけである。

このことは、彼らがイデオロギーを内面化していく過程には、主体的契機が存在していたことを示している。逆にいうと、主体的契機が存在しないときには、イデオロギーは内面化されにくかったのではないかという疑問が湧いてくる。将校生徒のように報酬が約束されている場合とか、教育する者に強い愛着を抱いている優等生のような場合（教師を「準拠他者」とする場合）とかのように、被教育者に何らかの主体的契機が存在する場合には、積極的にイデオロギーを自分の世界観としやすかったであろう。あるいは特攻隊の隊員や戦犯死刑囚のように、自らの死が目前に準備されている場合にも、「生の意味」を考え、「死の意義」を自得せざるをえない、追い詰められた主体的契機が存在している。

しかしながら、平和時に、一般の学校の生徒たちや軍隊の兵卒のすべてが、果たしてイデオロギーの教え込みに対して、将校生徒が見せたほどの自発的な内面化を経験したかどうかは、疑問である。主体的契機――換言すれば内面化しようとするインセンティブ――が特にないからである。主体的契機が内面化に果たして不可欠であったのかどうかは、今後さらに検討されねばならないが、池田進が次のように論じているのは、妥当であるように思われる。

普通、教育について論ぜられる場合、特に学校教育についての建前論が支配的になることが多い。それをうけとる子どもたちもただ条件反射的に対応することが多く、ついには戦前によくあった、教室内においてすら授業中に教師の口から「天皇」のひとこと出ずるや、生徒たちが一斉にひざと足を揃えて不動の姿勢を一瞬とったことはその頃学校体験をもったもの誰しも思い出すことだろう。そして日本国民をすべて天皇中心にもっていくために学校行事を天皇中心のイデオロギーで固めたのであった。しかし頭の髄から骨の髄まで全国民が天皇制イデオロギーで固まったわけではない。それは……昭和二〇年(一九四五)八月一六日以後の国民の変りざまを見ればわかることである。[23]

それゆえ、教育が被教育者に与えた効果を論じようと思えば、被教育者の側の主体的契機の有無に注意が払われねばならないだろう。与えられたイデオロギーを内面化しようとするインセンティブがあったかなかったか、それが当人のどういった社会的背景を反映したものか、また、主体的契機がある場合にはその教育は結果として何をもたらし、ない場合にはその教育を受けることにはどういう意味があったのか、といったことが、さまざまな集団やさまざまな教育場面について明らかにされねばならない。少なくとも、特攻隊員や戦犯の遺書によって満州事変以来の人々の意識を代表させてはならないであろう。

③ 私的欲求と献身の予定調和

「無私の献身」をきわめて強調する将校生徒の教育においても、私的欲求は冷却されなかった。生徒の日記や作文からわかるのは、家族への献身（孝行）――国への献身（奉公）と同値化されることで、彼らの立身出世の野心は、毎日の努力と勤勉の源泉であり続けたということである。陸士・陸幼の教育の中で、勉強の動機づけが、立身出世の野心に代わって「無私の奉公」になったわけではなく、献身イデオロギーの教え込みにもかかわらず、依然として個人的栄達・立身出世は彼らの勉強の目的であり続けた（第Ⅱ部第四章等）。「凡ソ人一世ノ功業ヲ立テ名誉ヲ千載ニ伝エント欲セバ唯光陰ヲ空費セサルノ一事アルノミ」[24]といった、明治初年の少年たちの勉強観は、大正末・昭和初年の陸士・陸幼の生徒たちにも連綿と受け継がれていたわけである。

また、教育する側も、所属集団の同心円的拡大上に家族に擬制された国家・国体を位置づけることによって、生徒の自発的努力を引きだすという論理をとっていた。そこに存在したのは、私的欲求（立身出世）と家族への孝行と国への奉公との幸福な予定調和であった。

こうした意識構造については、日本の立身出世主義を論じた多くの論者がすでに指摘してきたことである。[25] しかし、ここで重要なことは、それが、最も「無私の献身」を強調した教育の中においてすら見られたということである。天皇への忠誠、国家への奉公がもっとも強力に徹底して教え込まれた場合ですら、私的欲求——この場合は立身出世——がイデオロギーへの心酔に「とって代わられた」わけではなかったことを示しているからである。また、憲兵や教員のような、戦時体制を積極的に担っていた人々にもこうした意識構造は共通して見られた（第Ⅲ部第二章）。これらのことは、戦時体制に積極的にコミットしていった人々の心情を「滅私奉公」と呼ぶことが誤りであることを意味している。彼らは「活私奉公」だったのである。

国民各層にとって、国への献身（奉公）と同値化した私的欲求はさまざまであった。経済的な利得の獲得や経済的苦境からの脱出（開拓移民など）とか、戦時体制へと社会全体が組織されていく中で創出される中間的な権力ポストの獲得と権力行使の快感とか（国防婦人会や隣組役員など）、所属集団の地位上昇（在郷軍人会とか婦人運動活動家など）といったような、さまざまな思惑があり、それが表面上は、献身イデオロギーの鼓吹・実践、他者への押しつけといった形をとったのではなかろうか。一つだけ権力行使の快感という例を挙げておこう。

高田　国防婦人会はどうしてこんなに広がったのかというのも、私たちには不思議な現象だったんです。それをだんだん調べていくと、何か人のために役に立ちたいというのが女の気持ちだと思うんです。守ってあげたい、助けてあげたい、けれども、自分たちの生活レベルでは何もできない。だけど、かっぽう着を着て、身でお世話をするというのは、だれでもできることなんです。それがまた、社会のために役立っている。そういう充実感といいますか、そういうものを巧みに利用された。

村山　充実感というよりも、もう一つ切り裂くと、国防婦人会へ入っている人を、そのぐるりが大事にしてくれるの。偉いと思ってくれるの。その優越感もある。優越感を利用するということが、人間を使うとき、一番使いやすいの。

高田　あんなに楽しいときはなかったと言うんです。それはなぜかといったら、自分の命令一つで、男の人も、女の人も、全部動かせた。一種の快感でしたとおっしゃる方もいるんです。

村山　国防婦人会の会長さんは何とかということになると、格別な扱いをしてくれるでしょう。日本の社会は縦社会だから、今、こんな平和のときでも、長と名のつく人は、顔がええでしょう。（笑い）[26]

もちろん、この「幸福な予定調和」による、私的欲求の充足＝国家への献身の調達は、献身の見返りが保証されなくなれば、つまずいていくことになる。藤田省三が、「日本ファシズムの構造的崩壊」と呼ぶものがまさにそれである。「太平洋戦争末期に顕著にあらわれた「国民生活の非国家的いとなみ」あるいは「戦争遂行にたいする無関心的心情」は、国民が国家の追求をのがれて「家庭生活にたてこもる」ことのあらわれであった[27]。「天皇と家族主義は単なる形式と化し、私的欲望と家は何ら内的なコントロールもうけないで、その実質のままを顕わした[28]」のである。敗色が濃厚になるにつれて、空虚な超国家主義的言説が充満し、「非国民」だけでなく「国民全体」にも国家が、「恫喝と監視をもって臨[29]」むようになったのは、個人→家→国家という同心円的拡大とちょうど逆向きの経路（国家→家→個人）での個人の私的欲求を充足させることができなくなった時に、別のやりかたで民衆の自発的・強制的献身を何とか引きだそうとせざるをえなくなった、そういう戦術転換を意味している。

さらにつけくわえておけば、陸軍将校がおそらくそうであったと同様に、戦争中に人々自らが行なったさまざまな支持・協力の営みは、敗戦を契機に再び、個人→家→国家という論理をたどって、「国家への無私の献身」であったと位置づけ直されることになった。「活私奉公」の行為群は、見返りを保証するシステムが崩壊してしまった時には、純粋な自己犠牲の体験として回想されるようになったのである。自らが戦争中に行なった残虐行為や、他者に無限定な服従を強いた行為は、すべて、「国のため」「天皇のため」と信じた結果であるというふうに合理化されることになった。自分たちは悪くない、教育が悪かったのだ、と。

皮肉なことに、天皇制イデオロギーの徹底した教え込みの制度化の過程をあとづけ、その暴力性や政治性を告発してきた戦後の教育史学の研究枠組みは、「自分たちは悪くない、教育が悪かったのだ」と戦争加担の責任を回避する民衆の心情に、うまく符合している部分がある。言い換えれば、戦後教育史学による「イデオロギーの徹底した教え込み」という戦前期の教育像は、皮肉なことに、「（教育によって信じ込まされた結果）純粋な気持ちで献身報国した」と自己弁護する民衆を、侵略戦争への加担責任の面で免罪する結果になっているのではないだろうか。

もし、侵略戦争への教育学の加担を強く反省して、戦後教育史学が戦前期の教育の分析を進めてきたとするならば、その進むべき方向は、国家によるイデオロギー教育と民衆のさまざまな私的利害や私的欲求とが、いかに暗黙の相互依存の構造を形成していたか、また、さまざまな社会層の民衆が教育の結果、それぞれどのようなメンタリティの構造を獲得していったのかを明らかにしなければならない。侵略戦争を積極的に担っていった国民を「だまされた被害者」[30]として描く立場は、ナショナリスティックな立場の一変種でしかないことに、いい加減に気がつくべきである。

第三節　「内面化」図式を超えて

前節で見た通り、本書が明らかにしてきたのは、陸軍将校のような、最も組織的かつ強力にイデオロギーを教え込まれた人々ですら、それをそのまま内面化し、〈献身〉を唯一の行動の基準としていったわけではなかったということである。このことは、従来の多くの研究が自明の前提としてきた〈自動的内面化〉論と〈中核価値‐行動〉論の妥当性に疑いを投げかけている。将校生徒のような主体的な契機もなく、教え込みの程度も相対的に弱かった一般の人々が、将校生徒以上にすんなりとイデオロギーを内面化していったとは考えにくいからである。

では、一般の人々にとって、天皇制イデオロギーの教え込みとは一体何だったのであろうか。彼らが積極的に天皇崇拝の言辞を発し、主体的に戦時体制を担っていったのは、どう考えればよいのであろうか。すなわち、問題の焦点は、〈自動的内面化〉論や〈中核価値‐行動〉論を採用せずに、いかにして昭和戦時期の人々の行動が説明できるか、ということである。本節では、今後進められるべき、新たな視角からの天皇制の分析のための足掛りにすべく、もっと一般化した形で、天皇制と教育との関わりを試論的に論じることにする。

1　複数の準拠価値のリスト

天皇制イデオロギーの教え込みの効果に関して、単純な「注入‐内面化」の説明枠組みをとらない場合、しばしば用いられるのは、一つには、ホンネ―タテマエの区分を用いた説明の仕方であり、もう一つは、内面化した諸価値が矛盾する場合葛藤が生じるとか、矛盾せずに予定調和するといった説明の仕方である。この二つの説明枠組みの限界を考察しながら、別の枠組みを考えていこう。

まず、ホンネ―タテマエの区分を用いた説明をとりあげる。たとえば、先に引用した池田進は、「学校教育＝建前教育」「青年期以後の自己教育＝本音の教育」と区分して、後者のほうがはるかに大きい効果を持っていた、と論じている[31]。彼は、教育勅語は聖旨として皇室への絶対的な崇敬心を生みだしたというよりも、せいぜいそこに盛り込まれた日常的道徳が国民に受け入れられた程度であって、戦前期においてもずっと軽視されたままであった。ホンネは皆それぞれ持っていた、というのである。

同様に、久野収は、教育制度による彼のいう「顕教」の教え込みと、法律のネットワークによる取り締まりとが強まれば強まるほど、「天皇信仰は「たてまえ」化し、「たてまえ」と「ほんね」とを表裏二様に使いわける偽善的態度が国民を支配しないわけにはゆかな」かったと論じている[32]。

しかしながら、ホンネ―タテマエの区分を用いたこうした説明は、二重の意味で過度に単純である。一つには、イデオロギーの内容を重視することで形式――たとえば教育勅語の取り扱いに関する規範や実践が個々人に特定の行為を強制する側面――の持つ重要性が軽視されるという点である（本節の2と3を参照）。もう一つは、ホンネ―タテマエと画然と区分できない事例が非常に多いということである。

後者についていえば、たとえば作田啓一が、久野に言及しながら、「社会構造内の布置状況として見れば、顕教と密教とは、支配層と被支配層とにそれぞれ局所化されているとしても、社会心理としては、同じ個人の意識の中に微分化して並存している」[33]と述べている。作田はそれを「タテマエとホンネの相互浸透」と表現したが、要はホンネとタテマエとを明確に区分できるほど事態は単純ではないのである。

もう一つのよく用いられる枠組みである、諸価値の矛盾・葛藤と、諸価値の予定調和という図式はどうであろうか。作田啓一や見田宗介も、諸価値の矛盾・葛藤と予定調和とについて言及してきた[34]。これは確かに戦前期の民衆の意識構造のある一面を適切に描きだしている。私が検討した将校生徒の意識構造でも、予定調和が見られたことはすでに前節で述べた通りである。

しかしながら、複数の価値の論理的な矛盾や予定調和が、あらゆる場合にそのまま当事者に意識されたかどうかについては疑問が湧いてくる。すなわち、論理的には矛盾した価値が、当人にとって矛盾と感じられないままに内在化されているということが、実際にはしばしばある（「嘘をついてはいけない」と「嘘も方便」等）。同様に、〈状況〉の変化の中で、予定調和していたはずの価値が矛盾するようになったり、その逆も生じたりしながら、別に当事者の主観の中では、それに気づいていなかったりすることはよくある。多くの場合、当事者に明確に意識されないまま、相手や状況によって複数の異なる価値を自在に使い分けているのである。――そう、従来考慮されてこなかったのは、相手や状況によって、さまざまな価値のリストから適切なものを選んで対処する、きわめて戦略的に行動する個人、という見方ではなかっただろうか。

こういう見方に立てば、作田啓一の説明の難点が明らかになってくる。彼は、個人に内面化された諸価値相互間の関係に比較的安定した一貫性が存在することを議論の前提にしていた（たとえば貢献価値の優勢など）。また、そうした内面化された価値こそが「行為の第一次的な要因」であると考えていた。パーソナリティのありようが、一義的に行為を規定するかのように論じられているのである。しかし、戦略的に行動する個人という観点に立てば、作田が「行為の第二次的な要因」として考察対象から外した[35]外部の状況や行為の相手こそが、実は重要であることに気がつくであろう。

ただ、作田自身もこの点に気づいていないわけではなく、「タテマエの姿をしたホンネ、ホンネの形をとったタテマエ」というような点に、「もっとも敏感であるのは、社会学者や社会心理学者ではなく、文学者であろう」[36]と率直に認め、太宰治の『人間失格』の登場人物の一人、堀木の例を示して次のように述べている。

> いったい、堀木の生活を二分しているボヘミアン・スタイルと親孝行のうち、彼はどちらをタテマエとし、どちらをホンネとしているのであろうか。だが彼にとっては、

どちらもがタテマエであると同時にホンネなのである。それゆえに、彼は「外と内とを使い分ける」ことができる。行動様式はタテマエであるがゆえに、ある状況においてはその拘束から自由に離脱し、同じ行動様式がホンネであるがゆえに、別の状況においては、棄てられていた行動様式にポジティヴな感情が充電される。[37]

〈中核価値 - 行動〉論はもちろん、ホンネ―タテマエの二分法や諸価値の矛盾や予定調和を指摘してこと足れりとしてきた、従来の研究が見落としてきたものは、このように、相手や状況に応じて柔軟に行動する能動的な個人である。人はオリンピックを見て日本を応援した直後に、アフリカの飢えた子供たちのために涙を流すことができるのである。

大正末から昭和戦時期の長野県の農村運動の展開過程を克明にたどった安田常雄は、その綿密な実証研究の最後に、「生活者としての農民の理念型的な存在様式の一端[38]」を次のようにまとめている。

彼等は満州事変の「成功」に酔いながら自分の息子の出征を悲しみ、また、直面する自己の経済生活の窮状に深い不満をもち、実質的な経済的利益の増大、不況からの脱出をねがって、全農県連にその解決を依頼し、また同時に矛盾なく日本農民協会の請願書にも署名する存在である。組織的運動潰滅の後には、未組織のままやむなく自然発生的に立ちあがり、個別的な調停妥協にあって不満ながらもあきらめ、県の土木工事があれば日銭をせぐために出かける存在である。決定的な反抗もなく、権力賛美に双手をあげて絶叫もせず、自らの生活の論理そのものを生きながら権力を支えて来た存在である。またかかる形態のなかに反抗の潜勢力を秘めているといってもよい[39]。

したたかな民衆といってもよいかもしれない、いいかげんな民衆といってもよいかもしれない。実は、社会学の枠組みを利用しながら、こういう個人を描くことは不可能ではない。そして、それは従来の内面化論が前提としてきた③と④（上巻、七頁）の過程を見直すことを可能にする。

準拠集団という概念を「その視角が行為者の準拠枠を構成するような集団」という意味に限定して使用することが、研究上有用であることを論じてみせたT・シブタニは、一般に、一人の個人が複数の視角を内面化し――すなわち複数の準拠集団を同時に選択し――、それでいて、通常は矛盾や不整合には必ずしも逢着していない、と述べている[40]。彼にいわせれば、「ほとんどの人々は、多かれ少なかれ区画化された生活を生きていて、彼らが一連の（異なる場面での）人々との交渉に参加するにつれて、甲の社会的世界から乙の社会的世界へと移動している。各々の世界での彼らの役割は違い、他の参加者達との彼らの関係は異なり、彼らは自分のパーソナリティの違った面を示しているのである。……人々は自分に矛盾する要求が押しつけられ、どうしてもそのすべてが満足できないような状況に連続して落ち込んだ時に、初めて異なったものの見方の存在を鋭く気づくに至るのである。人は一般的に困難な決定をすることを避けるものであるが、（自分の）立場が窮地に陥り、矛盾に直面すると、二つの社会的世界のいずれか一つを選択することを強いられることになるであろう[41]」。

今述べたシブタニの用法では、準拠集団は「客観的に現存する人間の集団というよりは、ある心理的現象を指している[42]」。それゆえ、具体的な集団をイメージさせる「準拠集団」という語ではなく「準拠価値」と呼ぶほうがより適切であるように思われる。それゆえ、以下は、「それが開示する視角が、行為者の準拠枠を構成するような価値」を「準拠価値」と定義して、それを用いることにする。

シブタニが述べた通り、人々は、異なる相手・異なる状況に移動する中で、その都度適当な準拠価値に基づいた視角を採用する。しかも、ある瞬間と次の瞬間とで別々の視角が採用される限りは、それらの準拠価値は相互に矛盾していてもかまわないのである。この点は、E・ゴッフマンが、役割理論を精緻化した論文の中で、次のように述べていることとほぼ同じである。「個人は、一つの役割システムに参加していることが歴然としているときは、他の役割パターンに関することを一時的に停止させるある種の能力を持っている。こうして、今は停止中だが他の機会には演じられることになる、一つかそれ以上の、いわば、休眠中の役割を維持することができる。……個人の主要な役割セットの一つの役割に登場する個人は、他の役割セットでは役割を演じていないということであり、したがって、個人は矛盾した性質の役割を持つことができるのである」[43]。このように考えると、個人は、場面場面に応じて準拠価値を取り替え、その場にふさわしいと判断した視角を採用していく、あるいは、場面場面に応じて選択された役割を演じる、きわめて能動的で柔軟な存在である。

戦前の学校教育が教え込んだ国体観念は、おそらく、ある人々（たとえば将校生徒）には、きわめて重要な準拠価値となったことであろう。しかし、多くの人々にとっては、中核的な価値として内面化されたというよりも、せいぜい、たくさんある準拠価値の一つとして内面化された程度にすぎなかったのではないだろうか。彼らは学校や家庭や地域社会におけるさまざまな機会に、別の価値も準拠価値として内面化していったはずである。その準拠価値の長いリストの中には、立身出世や家族の幸福はもちろん、平和主義や、国際的人道主義などもあったであろう（ナショナリズムと国際的人道主義はリスト上では並存できる）。そうした中で、〈相手〉や〈状況〉に応じて、準拠価値のリストの中のどれに基づいてものを見たり考えたり行為したりするかを、人々は選択していったのである。

先に見た、立身出世＝孝行＝奉公の同値化は、準拠価値相互の矛盾に直面せず、個人が状況や場の違いにもかかわらず比較的一貫したパースペクティブの下で行為できる、準拠価値相互の整合的な様子を指している。[44] また、太平洋戦争末期に見られた「私的生活への引きこもり」は、準拠価値相互の矛盾に直面するに至って、人々が天皇および家族国家ではなく、実際の家族を準拠価値として選択したことを意味している。これらの例に見られるように、家族と国家が予定調和の関係になるか、矛盾するか、あるいは両者が無関係であるかは、相互作用の〈相手〉や当人が置かれた〈状況〉によって決まる。予定調和や矛盾は、準拠価値のリストからある視角を選択して採用するという一般的な行動様式の中の、〈相手〉や〈状況〉に規定される部分的なケースであるということができる。当の行為者にとって、常に予定調和であったり、常に矛盾しているわけではないのである。

この説明枠組みは戦時期の人々の行動をきわめて整合的に説明することができる。一つには人々は、〈相手〉によって準拠価値を使い分けていた。上官や上司の命令に対しては、私的利益が極度に損なわれないかぎりで、あるいは出世や家族の幸福と矛盾しない範囲内において遂行＝〈献身〉する。その一方で、部下や使役する朝鮮人・中国人に対しては当人の私的利益の追求を否定し、無限の服従＝〈献身〉を要求する。〈天壌無窮の国体のために〉を信じて欣喜として死ぬことは簡単ではなかったが〈天壌無窮の国体のために〉を信じて他人（＝敵）を殺すことは簡単にできたのである（第Ⅲ部第二章の事例を参照）。組織の中での行動に関してこのような二重性をもった行動原則に注目すれば、上位者に対しては適当に妥協し、下位者に対しては抑圧的であるような行動様式が観察できる。丸山眞男が〈抑圧の委譲〉と呼んだ権力行使の連鎖メカニズムがこれである。

さらに、人々は〈状況〉に応じて準拠価値を使い分けていた。たとえば国際協調主義の見方に立って軍縮を支持していた人でも、いったん戦争が始まると、国家的利益の拡張や経済の停滞状況の打破という視角を選択して、事態を積極的に評価し行動した。平和主義に基づいて自衛隊海外派兵に反対の気持ちを持っていた人が、〈状況〉の変化の中で、日本の国際貢献という観点からカンボジアのPKOを支持するようになったように。大正デモクラシー―昭和戦時体制―戦後民主主義という、きわめて大きな社会思潮の変化を、多くの人がさしたる〈転向〉の自覚もないままに体験していったメカニズムがこれである。それは、それぞれの時点でテレビのチャンネルをひねるように、採用する準拠価値を取り替えていったからなのである。

米国における政治的社会化についての研究では、従来「初期の政治的学習が成人期の政治的見解や政治行動に決定的に影響を及ぼす」という仮説に基づいて研究がなされてきた。ところが、近年では、成人後の事件や経験が政治的選択に及ぼす効果が重視されるようになっている。たとえば、一九六〇年代半ばからの一〇年間に米国人の政府への信頼感がドラスティックに低下したことに見られるように、「きわめて重要で、大規模な政治的、社会的出来事によって、多くの人々が最も基本的な政治的見解の幾つかを変えるにいたることがある[45]」のである。

第一次大戦勃発時のフランスにおいてどういうふうに挙国一致の構造ができあがったのかを考察した桜井哲夫は、Ｊ・Ｊ・ベッケルの詳細な研究に基づいて、次のように結論づけている。「熱狂的愛国主義にとりつかれて人々は戦争に赴くのではないし、具体的に敵と対して初めて、他の国家共同体に対する明確な敵対感情が生みだされるのである[46]」と。一九一四年の開戦は、愛国主義や自国中心主義によるもの（原因）ではなくて、それらは開戦の産物（結果）、すなわち開戦という事実が、愛国主義や自国中心主義を急速に民衆に行き渡らせたのだ、というのである。これは満州事変前後の民衆意識ときわめて酷似している[47]。

準拠価値のリストの形成について一つだけつけ加えておこう。一般に、「知らないことは考えられない」ものである。戦前期の教育でも、偏狭なナショナリズムが教えられていたことよりも、それとは矛盾するような準拠価値――たとえばコスモポリタニズム――を内面化する機会が欠落していたことが大きな意味を持っていた可能性がある。準拠価値のリストに採用すべき別の選択肢がないという事態である。われわれは、何が教え込まれたのかという点に関心を払いがちであるが、その際、何か別のものが教えられなかった効果としばしば混同しているように思われる。

このことが重要な意味をもつ事例の一つは、内面化体験の世代差の問題である。戦時期に青少年期に達した世代――いわゆる戦中世代――は、それ以前の世代に比べて、献身イデオロギーを忠実に内面化していたように思われる。この世代の中には、本気で天皇の神性を信じ、国体のために喜んで生命を捨てるほど、価値を内面化した人が少なからずいたことは確かであろう。しかしそれは、教え込みの技術が適切だったからではなく、献身イデオロギーと対立する別の準拠価値を内面化する機会がほとんどなかったからではないだろうか。物心ついて以来、「何が正義とされるか」について準拠すべき別の選択肢が用意されていなかったこと、すなわち別種の情報から隔離されていたことが、彼らに超国家主義を心底から信じ込ませることになった、というように。彼らは敗戦に直面して初めて（あるいは戦局が悪化し、イデオロギーの空洞化の事例を体験して初めて）、異なる視角が存在する可能性に気づいたのである。

2　ゲームと「踏み絵」

戦前期のイデオロギーの教え込みが果たしたものは、それを準拠価値の一つとして内面化させることだけにはとどまらない。戦前期の天皇制は、単なる教義の体系ではなく、教化・監視・儀礼・信仰告白という、多方面にわたる実践の体系でもあったからである。

白手袋をはめて、おごそかに教育勅語を奉読する校長と、身動きもせずに奉読が終わるのを待つ生徒、軍人勅諭の暗誦を命じる上官と不動の姿勢で暗誦する兵卒、酒場で皇室についての冗談を言った酔客を不敬行為として摘発する、その場にいあわせた憲兵……、当人たちが教義を内面化していようといまいと、これらすべてが実践としての天皇制なのである。いわば、ミクロな対人関係の場を支配する秩序の原理、その秩序原理に基づく一連の相互行為が、天皇制の本質の一面であるように思われる。〈自動的内面化〉論が描くよりも教義の内面化が徹底していなかったにもかかわらず、天皇制のシステムが機能していったカギは、この実践の体系としての天皇制の側面に由来していると、私は考える。

ポーカー・ゲームの競技は、参加者がポーカーのルールを共通して身につけ、それぞれがそれなりにポーカーの技術を身につけてゲームの場に臨むこと、そして参加者がルールに従って実際にプレイすることによって成立する。[48] それと同様に、天皇制という、場を支配する秩序の原理に沿った相互行為も、参加者がそのルールや技術を身につけ、そのルールに沿ってプレイする（役割を遂行する）ことで成立する。

実践の体系としての天皇制をそうした一種の相互行為ゲームだと考えるならば、そのイデオロギーの教え込みの実践は、イデオロギーの内容を内面化——準拠価値の一つとして——させる機能のほかに、二つの機能を果たしていたということができる。

一つは、場を支配する秩序の原理に沿った行為の仕方——ゲームのルールやゲームで用いられる技術を習得させる機能である。作田の言い方を借りれば、「制度化された価値」に応じた行為の技術を学習することである。[49] それは、勅語に盛り込まれたカギ言葉を自在に運用する能力の習得であったり、ある場面（たとえば教育勅語の奉読の場面）でのふさわしい行為の仕方（鼻をすすったり、体を動かしてはいけない）を学んだりといったことである。おそらく、天皇制イデオロギーに基づく教育実践がすべての被教育者に与えた効果は、教義体系の内面化ではなくて、こうしたミクロな相互作用ルールの内面化である。

注意すべき点は、ここで習得されるのは、ゲームのルールやゲームで用いられる技術であって、ゲームをプレイする動機ではないということである。いわば、カギ言葉を自在に運用する能力を習得したとしても、それは行為の動機を構成するかどうかは定かではないのである。しかも、いったんそうしたルールや技術を習得してしまえば、「なぜそれをするか」を考える必要はなく、円滑な相互行為を行なうことが可能になる。そこから生じるのは、「国家権力への自己の倫理的判断の白紙委任」[50]（小松茂夫）である。既存の秩序の正当性に関する教義（なぜある秩序構造が正しいか）を根拠に人々は行動するのではなく、既存の秩序の中でどう振る舞うべきか（どのように行動するのが望ましいとされるか）を根拠に行動するからである。そこでは「なぜ」という問いは欠落していくのである。その意味では、戦前期の民衆は過度にポリティカルな存在であったわけではない。むしろノンポリティカルな行動原則こそが、天皇制の秩序構造を支えていたのである。

イデオロギーの教え込みという実践が果たしたもう一つの機能は、ゲームの実際のプレイを通した取り締まり効果である。すなわち、イデオロギーの内容ではなく、教え込みの形式それ自体が、成員の所属集団（学校・軍隊・……・国家）の秩序を維持し、それを正当化するうえで効果があったということである。命令―服従関係、あるいは権威―従属関係が、教え込みの実践の中で絶えず再確認される。国家の代理者（パーソナルな属性は無関係であるから「代理機関」と呼ぶべきであるが）たる校長の勅諭奉読の際に身動きを許されない生徒、「天皇の命令」という形で上官の命令への絶対服従を要求される兵士。天皇の権威を具体化した実践は、既存の秩序を不断に再確認することと、実質的に無限の服従を調達することとを可能にしたのである。

特に不敬行為に対する厳しいタブーは、ゴッフマンのいう「役割距離」を表現することを、すなわち「人が自分が遂行している役割から、あるパフォーマンスが、ある種の軽蔑的な離脱をしていることを効果的に伝達すること」[51]を、ほとんど完全に封殺してしまう。「すね、独言、皮肉、冗談、風刺など」[52]、人が役割遂行にあたって、その役割は遂行するけれども実は自分は完全に専心的にはコミットしてはいないのだという、そういった自己表現の可能性は、「天皇」の名が持ちだされることで閉ざされてしまうのである。

つまり、教え込みの実践は、天皇の名による専心的な献身を要求し、ささいな役割距離の表現でもそれを摘発の対象とする限りにおいて、命令―服従関係や権威―従属関係からの逸脱を許さない、取り締まりの機会でもあった。意図的な非同調者（たとえば内村鑑三や反戦兵士）は、こうした実践を通して発見され、集団の一員としての資格を剝奪されたり、制裁が加えられる。意図しない非同調者（あくびをする生徒や不動の姿勢がとれない兵士など）も同様に実践の中で発見され、叱責や訓誡、さらなる教え込みを通して、「正常な」同調者へと矯正されていく。生徒は一人前の生徒に、兵士は一人前の兵士に。それは、言い換えれば、ゲームの参加者がルールを厳格に遵守しているか（する意志があるか）どうかを判定し、重大な逸脱者を集団から排除し、ささいな逸脱者を同化させる、恒常的な「踏み絵」の機能を果たしたのである。[53]

3　献身の調達と恣意的利用：ゲームのルールの二重の効用

1で述べた通り、人々が〈相手〉や〈状況〉の必要に応じて、準拠価値のリストの中から「天皇への忠誠」や「国体の尊厳」を選んで行為したとするならば、また、2で述べた通り、教え込みの実践が、人々にとって「天皇制」というゲームのルールやゲームで用いられる技術を習得する機会であって、同時に、ささいな役割距離の表現でもそれを摘発の対象とする恒常的な「踏み絵」の機会でもあったとするならば、天皇制は国家への献身の調達と人々の恣意的な利用との二重性をその本質的な部分に持つことになった。

いままで繰り返し触れてきた、私的欲求と献身との関係の同値化は、その二重性の典型例である。自分の私的動機にもとづく行為を「献身」と見なして、自覚的であれ無自覚にであれ、献身の美名で結果的に自己の欲求を満たすという構造である。

ある人の究極の動機が立身出世の達成にあるとして、それが「立身出世＝孝行＝奉公」

というように、「天皇制」というゲームのルールと矛盾しない限り、彼は「天皇への献身」を口にすることができる。同様に他者を従属させたい時に、それが「天皇制」というゲームのルールに準拠する限り、「天皇」の名のもとで、他者の無限の従属を引きだすことができる。このような場合、人々はゲームの積極的なプレイヤーであった。

また、「保身＝献身」という同値化も存在する。校長や下士官や役場の吏員のような末端官僚にとって、職務に精励していると評価されるための条件は、自ら積極的にゲームに参加していることを誇示して見せることである。あるいは大多数の人々にとって、カギ言葉の運用のようなゲームの技術は、別にそれを信奉していなくても、ある相互行為の場面をとりつくろう目的のみのために駆使することさえもできるものであった。ささいな役割距離の表現すら否定されているルールであるから、その場合にも、「非同調者」のラベルを貼られないためには、積極的にゲームに参加しているよう自己呈示する必要があった。

このように、人々はさまざまな思惑に基づいて献身を語り、他人に要求し、また自らも実行した。命令する立場に置かれたり、服従する立場に置かれたり、人によってさまざまであったが、いずれにせよ彼らはゲームの主体的なプレイヤーであった。

このことを逆にいえば、国家は、民衆が自発的に国家の利益のために行動したり、国家の代理者として他者を管理したりするという成果を、民衆のさまざまな思惑を活用することによって、手に入れることができたことを意味している。田島淳の表現を借りれば、

「支配者は、被支配者大衆が小「天皇」であったことを「許す」ことによって、同時に、彼らが今後も奴隷であり続けることを望んだのだ」[54]。別に国体に関するこみいった教義をすべて理解させる必要もなかったし、また、天皇本人が細かな命令を自ら下す必要もなかった。立身出世の希求や権力欲の充足や、単なる保身、あるいは非同調者のラベルを避けようとする人々の心理を、そのまま献身行為の調達へと活用すればよかったわけである。戦前期・戦中期における天皇制への同調のエネルギーは、個々の民衆のさまざまな思惑から絶えず補充されていたわけである。

さらに、自らの行為に関してだけではなく、他者の行為に対しての告発や批判、賞賛といった形での、国家への献身の調達と人々の恣意的な利用との二重性を見出すこともできる。

第一に、下位者の私的利用やいじめに「天皇」の名が用いられた。「天皇」の名を持ちだして組織の下位者の服従を調達することは、天皇自身が具体的に命令を下したものではないために、組織の上位者は下位者に恣意的な解釈を押しつけることができた。「下級のものは上官の命を承ること、実は直に朕が命を承る義なりと心得よ」という軍人勅諭の一節は、一方では下位者の抗命や反抗を防止する機能を持ちながら、他方では、下位者を上官が私的に利用したり、私的動機でいじめたりすることを正当化した。

第二に、「天皇」の名は、ライバルや上位者の打倒にも利用することができた。一八九三（明治二六）年に酒田で保守系の有力者たちが宮中の宴会を模して遊んだ「天皇ごっこ」を、ほかならない自由党系のグループが、警察に通報し、「不敬の極み」と盛んなキャンペーンを展開して攻撃した。[55] 教育界でも、教育勅語や御真影にまつわる校長のささいな失策が厳しく批判されたり、教育勅語を盗みだしたり保管状況に手を加えて不敬事件のフレーム・アップが企てられたりしたのは、[56] 校長に批判的な個人やグループが個人攻撃の糸口として、「天皇」の名を政治的に利用したためであった。逸脱や失策が許されないというゲームのルールがライバルや上位者の打倒のために利用されたわけである。議会でも、対立政党を国体の名によって攻撃するという戦術が利用された。石田雄は、それを「忠誠競争」と名づけ、政党政治の自己崩壊の大きな原因の一つに挙げている。[57]

これらは、言辞のうえでは皇室崇敬の念につき動かされた外見を示し、また既存の秩序の正当性を破壊したり批判したりするよりも維持・強化する方向で機能した。ところがそれは、天皇個人の意志とはまったく関わりない私的で恣意的な目的のために「天皇」の名を利用していたことを意味してもいた。国家が人々の自発的な献身行為を調達するのは、人々が天皇の権威を恣意的に利用することと表裏一体のものであった。おそらくこれは、象徴的な仕掛けが民衆の自発的なエネルギーを動員するために持たざるをえなかった、必然的な二重性であった。

最後に、人々は時には「天皇への献身」を捏造さえして、他者の行為を賞賛したことについても触れなければならない。たとえば、関東大震災の際に校舎の下敷きになって死亡した教員を、「御真影を取りに戻って殉死した」と死者の名誉のために校長が報告して、その死を「美談」にした事例[58]とか、帰還できず爆死した兵士が戦意高揚のための絶好の素材とみなされ、純粋な献身感情で突撃し、「天皇陛下万歳」と言って息絶えたという「美談」にされた事例（爆弾三勇士の例など）[59]のように、しばしば「献身」でも何でもない事例が、忠君愛国の見本のような物語に仕立てあげられた。死者の内面や行為をさまざまな意図で創作して「美談」に仕立て上げたこうした例も、国家への献身の調達と人々の恣意的な利用との二重性の一つの表れである。かの木口小平に関する教材は、「ユーキ」ある兵士からいつのまにか「チュウギ」な兵士へと改作されていった。[60]死んだ当人や、「美談」の創作者がそうした価値を内面化していたのかどうかとは関わりのない部分で、「天皇制」のゲームのルールが活用されていったのである。

一つつけ加えておけば、このように、下位者の私的利用やいじめ、ライバルや上位者の打倒、他者の行為の賞賛等に、天皇の名が用いられることは、当事者には意図されなかったある機能を果たすことになった。それは、役割距離をゼロにする方向に向けて規範を強化する機能である。ささいな失策でも、敵対者がそれをとりあげて「不敬」と解釈するかぎりにおいて、責任問題に発展する格好の契機となりえた。反駁不能な「不敬」のラベル貼りによる敵対者や批判者からの攻撃を未然にかわすためには、「専心的な献身」という像から逸脱しないことが必須のこととなっていった。ささいな役割距離の表現すら、「不敬」と解釈されかねないために自主規制されていったのである。

同様に、「美談」の捏造も、他の同様な境遇にいる人々に同じような「献身」を要求する圧力となっていった。たとえば、御真影に殉じた教師の「美談」は、火事や空襲の際の御真影の移送を校長に強いることになったし、「爆弾三勇士」の美談は、その後の兵士に無謀な突撃を強いることになった。もちろん「美談」の主人公のように振る舞おうと本人が決意するわけではない。「美談」の主人公のような振る舞いが、「演じられるべき役割」として社会的な圧力となっていったのである。

つまり、「ゲームのルールの恣意的な利用」は、ゲームのルールをより厳格にしていく機能を果たしたのであった。[61]

4 おわりに

結局のところ、すべての国民が「臣民」または「皇民」として、イデオロギーを心理構造の中核的な価値として内面化したから、巨大な抑圧機構としての天皇制が作動していった、というわけではなかった。イデオロギーの内面化はそれほど徹底していたわけではなく、それにもかかわらず、人々は抑圧機構の管理者でもあり被管理者でもあるような役割を担っていったのである。言い換えれば、戦前期の天皇制は、内面化なしでも十分作動しうるシステムをなしていたわけである。

本節では、〈自動的内面化〉論、〈中核価値－行動〉論という、従来の研究が暗黙のうちに依拠してきた図式を批判し、それを克服するために一つの代わるべき枠組みを構想してきた。もしこうした方向がより適切に戦前・戦中期の人々を説明できるのであれば、今後は、一方で世代（教育を受けた時期）や年齢や性、出身階層や地域、経歴や到達階層などの違いによるさまざまなグループが、イデオロギーの教え込みをどう受容し、戦前期・戦時期の彼らの行動とどう関わっていたのかを細かく検討する作業が不可欠であろう。もう一方で、そうした方向の研究を踏まえて、「内面化」図式に代わる説明枠組みをさらに精緻化していくことが必要である。われわれは、単純な「内面化」図式を否定するところから、天皇制の考察を始めなければならないのである。陸軍将校を主対象とした研究としては、最後に分を超えた議論をしてきたが、本節が新たな方向への研究の進展のための一つの出発点になればと願っている。

註

第三章　将校生徒の自発性と自治

1　『陸軍中央幼年学校沿革史』（稿本、防衛研究所図書館所蔵）。

2　東幼会編『東京陸軍幼年学校史　わが武寮』東幼会、一九八二年、六八頁。

3　一九二三年東京陸軍幼年学校入校者。同前、五六〇頁。

4　一九一九年名古屋陸軍幼年学校入校者。名幼会編『名幼校史』一九七四年、二三八頁。

5　丸山眞男『増補版　現代政治の思想と行動』未來社、一九六四年、二〇頁。

6　皇族は（すでに当時成年に達していた者を除き）陸海軍に従事すべきよう仰せ出された一八七三（明治六）年の旨達によって、それ以降成年した皇族男子は、久邇宮多嘉王を唯一の例外として、全員陸海軍人になった（松下芳男「皇族と日本軍制」『日本歴史』第一六八号、一九六二年六月、九〇頁）。軍学校における皇族子弟の待遇については、「教育上ノミ一般臣下ト共ニ」するべきことになっていた（〈陸軍省大日記〉『大正四年密大日記（四冊ノ内二）』中、教育第二号「陸海軍諸学校ニ御入学アラセラルヘキ皇族殿下ノ御身分取扱並御下賜品ニ関スル件」、防衛研究所図書館所蔵）。なお、皇族の軍人化の制度や実態については、坂本悠一が概括的な検討を行なっている（坂本「皇族軍人の誕生」岩井忠熊編『近代日本社会と天皇制』柏書房、一九八八年）。

7　松下芳男編『山紫に水清き　仙台陸軍幼年学校史』仙幼会、一九七三年、二八九頁。
8　杉坂共之日記、一九二七（昭和二）年三月八日、東幼会所蔵。
9　小林友一日記、一九二九（昭和四）年一月八日、東幼会所蔵。
10　『兜の蔭』（東京陸軍幼年学校第三〇期上田菊彦日記）一九二九（昭和四）年一月二五日、東幼会所蔵。
11　同前、一九三〇（昭和五）年一一月二七日。
12　同前、一二月二日。
13　一九〇九年五月一〇日、教育総監大島久直の訓示、『名古屋陸軍幼年学校史』所収（稿本、防衛研究所図書館所蔵）
14　前掲杉坂共之日記、一九二五（大正一四）年二月一二日。
15　前掲小林友一日記、一九二九（昭和四）年三月一〇日。
16　一九一二年名古屋陸軍幼年学校入校者の回想。名幼会編『名幼校史』一九七四年、一九一頁。
17　前掲杉坂共之日記、一九二七（昭和二）年三月一七日。
18　前掲小林友一日記、一九二八（昭和三）年六月五日。
19　山本信良・今野敏彦『大正・昭和教育の天皇制イデオロギー（I）』新泉社、一九七六年、一三九〜一四七頁参照。また、児玉隆也『君は天皇を見たか』潮出版社、一九七五年、第一章も参照。
20　前掲『わが武寮』第二章参照。
21　『東京陸軍幼年学校生徒心得』一九二八年。
22　陸軍士官学校編『陸軍士官学校一覧』一九〇四年、一三八頁。
23　飯塚浩二『日本の軍隊』東大協同組合出版部、一九五〇年、二四頁。

24 石井孝男日記、一九四二（昭和一七）年七月二日、ただし、前掲『わが武寮』一二〇頁から引用。
25 前掲小林友一日記。
26 同前、一九二九（昭和四）年九月一一日。なおこうした彼の反省に対し、生徒監は「恥ヅル可。然シ将来一層ノ力ヲ注ゲ」と励ましている。
27 同前、一九二九（昭和四）年四月六日。
28 同前、七月二〇日。
29 同前、三月一三日。
30 東京陸軍幼年学校第三三期生の標語、前掲『わが武寮』六〇六頁。
31 同第三四期生の標語、同前、六一〇頁。
32 同前、五五一頁。
33 前掲杉坂共之日記、一九二六（大正一五）年七月五日。
34 一九〇九年仙台陸軍幼年学校入校者。前掲『山紫に水清き』二九七頁。
35 一九〇九年名古屋陸軍幼年学校入校者。前掲『名幼校史』一六四頁。
36 生徒作文「起床カラ始業マデ」東幼会所蔵。
37 「陸軍幼年学校訓育法綱要草案」『教育総監部第二課歴史』（資料綴、防衛研究所図書館所蔵）。
38 前掲生徒作文。
39 飯塚前掲書、二七頁。
40 一九八四年七月二五日談。
41 一九三七（昭和一二）年陸士入校H氏。一九八四年七月一九日談。

42 荒城卓爾『幼年生時代の追憶』一九四〇年（東幼会所蔵）、中の当時の日記による。
43 前掲『山紫に水清き』三六二〜三六三頁。
44 村上兵衛『陸軍幼年学校よもやま物語』光人社、一九八四年、二〇〇頁。
45 「教育総監上原勇作訓示」渡辺幾治郎『皇軍建設史』共立出版、一九四四年、四三四〜四三五頁。
46 佐野幹雄日記、一九三五（昭和一〇）年四月一八日。東幼会所蔵。
47 『名古屋陸軍地方幼年学校一覧』一九〇二年。また、一八九九（明治三二）年の陸軍中央幼年学校生徒心得でもほぼ同様の条文となっていた（『陸軍教育史 明治別記第十一巻 陸軍中央地方幼年学校之部』所収、防衛研究所図書館所蔵）。
48 陸軍士官学校編『陸軍士官学校一覧』一九〇四年、兵事雑誌社、一一二頁。
49 学校側は、上級生の下級生への制裁を禁止したこともあったし、ある程度それが遵守された期間もあったが、それは長くは続かなかった。名古屋陸軍幼年学校の事例を見ておこう。一九一〇年五月のある夜、三年生全員が二年生全員を校庭に呼び出して殴打するという事件が起きた。騒ぎがなかなか静まらないので、日直士官は「『あと何分』と呼子笛を吹いて鎮圧した」（前掲『名幼校史』一六二頁）。四日後、三年生全員が重譴責及び罰席自習一週間が言い渡され、さらに二人が退校処分を受けた（『名古屋陸軍地方幼年学校史』防衛研究所図書館蔵）。
翌月教育総監部本部長が来校し、厳しい訓示を与えた。それで下級生への制裁はいったんは見られなくなった。ところが一〇月には新三年生一五人が下級生に制裁を加えるという事件が再び生じた。そのため翌一一年には教育総監部本部長がふたたび来校し、あらためて厳しい訓戒を与えざるをえなかった（同前）。

その後しばらくの間の状況は不明だが、一九一五年卒業の期で二人が下級生殴打事件で退校処分になり、一九一九年入校生の頃には、「三年生は一年生を可愛がるが、二年生を殴ることがある。二年生はその腹いせに、何とか理屈をつけては制裁と称して、一年生を殴ったものである。時には連帯責任ということで、全員（全滅）が殴られたこともあった」（前掲『名幼校史』二三七頁）という状態に戻っていた。

50　一九二九（昭和四）年陸士入校N氏。一九八四年七月二五日談。

51　木戸日記研究会、日本近代史料研究会編『西浦進氏談話速記録（上）』一九六八年、一五頁。

52　前掲『わが武寮』五六四頁。

53　斉藤利彦「明治後期中学校における「生徒管理」の組織と運用」『文学部研究年報』第三九集、学習院大学、一九九二年、三二九〜三三五頁、D・T・ローデン『友の憂いに吾は泣く（上）（下）』講談社、一九八三年、等を参照。

54　一九三五（昭和一〇）年陸幼入校K氏。一九八四年七月二〇日談。

55　遠藤芳信は、「専門性が指揮官・上司に従属する」ことが日本の将校団の「自治」の限界であると指摘している（遠藤「軍隊教育はいかなる方法によってなされたか」『季刊平和教育』第五号、明治図書、一九七九年、一七三頁）。この点で将校生徒の「自治」は、将校団の「自治」の性格と重なっている。

56　前掲小林友一日記、一九三一（昭和六）年一月一四日。

57　一九三七（昭和一二）年陸士入校H氏。一九八四年七月一九日談。

58　飯塚前掲書、二五頁。

59　一九三五（昭和一〇）年陸幼入校K氏。一九八四年七月二〇日談。

60 山崎正男編『陸軍士官学校』秋元書房、一九六九年、四〇頁。
61 一九二九（昭和四）年陸士入校N氏。一九八四年七月二五日談。
62 大木勝美「新学年ニ当リテ感アリ」陸軍士官学校予科編『作文集』（大木は一九三三年陸士予科卒業、偕行社所蔵）。
63 村上重光「新ニ入校セル友ヲ迎ヘテ」同前所収（村上は一九三四年予科卒業）。

第四章　将校生徒の意識変容

1 筒井清忠『昭和期日本の構造』有斐閣、一九八四年、第五章。
2 高橋正衛『昭和の軍閥』中央公論社、一九六九年、一〇四頁。
3 同前、一〇七〜一〇八頁。
4 黒崎貞明『恋闕』日本工業新聞社、一九八〇年、二六〜二九頁。
5 陸士校長瀬川章友「本科生徒ニ与フル訓示」陸軍士官学校本科第三中隊『訓示綴』所収（偕行社所蔵）。
6 浜本喜三郎陸士本科生徒隊長「第四十四期生徒卒業ニ際シ与フル訓示」同前『訓示綴』所収。
7 山田乙三「二月二十六日事件ニ関シ職員一同ニ与フル訓示」同前『訓示綴』所収。
8 松村秀逸『三宅坂　軍閥は如何にして生れたか』東光書房、一九五二年、二四頁。
9 飯塚浩二『日本の軍隊』東大協同組合出版部、一九五〇年、二七頁。
10 木戸日記研究会、日本近代史料研究会編『西浦進氏談話速記録（上）』一九六八年、一九頁。
11 同前、三二頁。

12　一九一九年仙台陸幼入校者。松下芳男編『山紫に水清き　仙台陸軍幼年学校史』一九七三年、仙幼会、一九七三年、五三四頁。

13　杉坂共之日記（一九二四〔大正一三〕年四月一日〜一九二七〔昭和二〕年四月四日）（稿本、東幼会所蔵）。なお杉坂は、陸士時代の同期生の人物評によれば、「主流派」に分類されている（『清流　陸士第四十三期生史』一九七〇年、一六五頁）。

14　日本近代史料研究会編『日本陸海軍の制度・組織・人事』東京大学出版会、一九七一年。および、木下秀明氏の御教示による。

15　吉田元久日記、一九一九（大正八）年五月一二日および五月二四日。

16　小林友一日記、一九二九（昭和四）年一一月一八日。

17　同前、一九二八（昭和三）年六月一三日。

18　同前、一九二九（昭和四）年六月二九日。

第五章　一般兵卒の〈精神教育〉

1　たとえば、藤原彰『天皇制と軍隊』青木書店、一九七八年、第Ⅱ部第一章「軍紀と服従」、土方和雄「「軍人精神」の論理」『思想』第四〇〇号、一九五七年一〇月、大江志乃夫「天皇と軍隊」『日本史研究』第二九五号、一九八七年三月、等。

2　たとえば大江志乃夫『兵士たちの日露戦争』朝日新聞社、一九八八年等。

3　藤原彰「確立期における日本軍隊のモラル」『思想』第三七一号、一九五五年五月。

4　浅野和生『大正デモクラシーと陸軍』慶応通信、一九九四年、第一・二章。

5　遠藤芳信『近代日本軍隊教育史研究』青木書店、一九九四年、一二六頁。

6　歩兵第一五連隊編『改正 口授書第壱編』一八八七年。

7　陸軍歩兵少尉増田正春「新兵教育上ノ卑見」『偕行社記事』第五〇号、一八九〇年一一月、四六頁。

8　同前、六一〜六二頁。

9　一八七一（明治四）年に作られ、翌年に改正された読法は、軍人勅諭とは異なり、個々の入営兵に読み聞かせて遵守を誓約させるという利用のされ方をした。「徴兵入営の翌日各中隊に於て……八ケ条を誦読して之を聴聞せしめ之が畢れば其心志の確実を証しめんが為」新兵たちに誓文帳に署名捺印させたのである（河辺正三『日本陸軍精神教育史考』原書房、一九八〇年、三三頁）。しかし、当時ほとんどの新兵にとっては、「皇威ヲ発揮シ国憲ヲ堅固ニシ……」と、そらで聞かされても何のことやらわからなかったであろう。

10　引用は歩兵第五十四聯隊将校集会所編『精神教育資料 訓話篇』河原書店、一九一四年から。また、米田進『兵卒精神教程』武揚堂、一九〇五年。教育総監部編『武人の徳操（上・下）』偕行社、一九三〇年。教育総監部編『軍紀に関する一考察』成武堂、一九三七年、広瀬豊『軍人小訓』武士道研究会、一九二七年、等を参照した。

11　藤井秀『軍人の本領』正行社、一八九九年、から引用。同様のものに、柴田文三郎『軍人精神教育譚』精行社、一八九八年、横須賀鎮守府編『精神教育参考書』横須賀水交支社、一九〇一年、がある。また、熊谷光久も、「軍人勅諭そのものの解説や奉読を熱心に行い始めたのは、日露戦争以後のことのようである」と論じている（熊谷「日本陸海軍の精神教育」『軍事史学』第一六巻第三号、一九八〇年、六八頁）。

12 「秋山騎兵少佐講話筆記」『偕行社記事』第一二六号、一八九四年二月。
13 「軍人教育要談」『偕行社記事』第一九四号、一八九八年五月。
14 教育総監部編『精神教育より観たる軍隊内務』一九三五年、一一八〜一一九頁から引用。
15 河辺前掲書、四七頁から引用。
16 たとえば、歩兵中尉村田契麟「完全ナル軍隊的家庭」『偕行社記事』第四〇七号、一九一〇年三月、歩兵大尉小原正忠「社会ノ趨勢ト佐倉連隊区内各地方ノ状況並其ノ人情風俗ヲ考慮シ之ニ適応スル精神教育ノ方法手段」『偕行社記事』第四四〇号、一九一二年三月等。
17 兵卒が二年間の入営中にどのような精神訓話を聞かされたのかについての具体例は、野砲兵第一七連隊第六中隊「大正十一年度各年兵精神訓話予定表」『偕行社記事』第五七四号、一九二二年六月、を参照。
18 土方和雄「「軍人精神」の論理」『思想』第四〇〇号、一九五七年一〇月、浅野和生前掲書第三章および第五章等を参照。
19 〈陸軍省大日記〉『昭和四年密大日記 第二冊』（防衛研究所図書館所蔵）。
20 河辺前掲書、六五頁。
21 宇都宮鼎・佐藤鋼次郎『国防上の社会問題』冬夏社、一九二〇年、一五九頁。
22 憲兵中佐持永浅治「軍隊ニ対スル赤化運動ニ就テ」『続現代史資料6 軍事警察』みすず書房、一九八二年、三三九頁。また、同「歩兵操典改正ニツキ憲兵ノ着意」同書、二五五頁でも同様の表現をしている。
23 佐藤鋼次郎「軍紀ノ標本」『偕行社記事』第二三六号、一九〇〇年二月。

24 陸軍歩兵中尉石井淳『若き士官へ』兵事雑誌社、一九一四年、四一〜四二頁。
25 同右、四二〜四三頁。
26 歩兵大佐宮地久壽馬「軍隊教育ニ関スル所感」『偕行社記事』第五二五号、一九一八年四月。
27 河辺前掲書、四七頁から引用。
28 中には、「勅諭ノ一条ハ兵卒之ヲ百万遍口ニスルモ必スシモ勇者タル能ハサルナリ」と勅諭や読法を暗誦・暗記させることに批判的な者もいた（大庭二郎戸山学校長「軍隊教育ニ関スル研究」『偕行社記事』第四四三号、一九一二年三月）。しかし、大勢は教育の重要な方法として暗誦や暗記に積極的であった。
29 野間宏「軍隊教育について」『思想』第三二二号、一九五一年四月、八三頁。また、高橋正衛も、上から伝達される方針や訓示の抽象性の問題について言及している（高橋正衛「軍隊教育への一考察」『思想』第六二四号、一九七六年六月、九二頁）。
30 浅野前掲書、四二〜四三頁。また黒沢文貴「軍部の「大正デモクラシー」認識の一断面」近代外交史研究会編『変動期の日本外交と軍事』原書房、一九八七年、四一〜四五頁も参照。
31 浅野前掲書、一一二〜一一八頁。
32 同前、一一六頁。
33 教育総監部編『精神教育より観たる軍隊内務』一一七頁。
34 河辺前掲書、四七頁。
35 陸軍歩兵中尉大石正幸「時代の趨勢に鑑み中隊長としての兵卒に対する精神教育方案」『偕行社記事』第六〇八号、一九二五年五月。

36　上位者の修養や言行一致・率先垂範によって、下位者からの人格的な信頼の獲得や心服の調達を図るというのは、別に軍隊に限らず教育一般、組織一般にしばしば採用されるやり方である。ただ、あえてそれらとの相違を指摘しておけば次のようにいうことができる。一般の学校教育においては、下位者（被教育者）からの信頼の獲得は、何かを伝達するという主目的に寄与すべき副次的な要件にとどまる。それに対し、軍隊の場合、下位者（被教育者）からの信頼の獲得は、非常時に際して軍紀が崩壊することを防ぐという意味でそれ自体が完結した教育目標であるということである。また、企業や一般官庁と異なるのは、将校と下士・兵卒の関係が教育的な効果を重視したものであったということである。

37　黒沢前掲論文、四六〜四七頁。

38　宇都宮・佐藤前掲書、一五一〜一五二頁。

39　遠藤前掲書、七八頁から引用。また、田中は、「地方ト軍隊ノ関係」『偕行社記事』第四二七号付録、一九一一年三月、一四頁においてもほぼ同様の表現をしている。

40　歩兵大佐守永弥惣次「将校下士ノ言語動作カ兵卒精神ニ及ホス影響に就テ」『偕行社記事』第五三四号、一九一九年一月。

41　加藤周一他『日本人の死生観（下）』岩波書店、一九七七年、二二八頁。

42　兵卒の回想や手記で、彼らがある将校に心服する場合を見ていくと、それはしばしば、下士官や別の将校による理不尽なしうちや虐待から保護してもらったりしたことに感激してのことであったりする。そこで作られるのは、「将校という集団への信頼」ではなく、あくまでも特定の個人への信頼である。

43　河辺前掲書、一一五〜一一七頁。

44　同前、一一七頁。

45 一九〇八年軍隊内務書綱領の一、遠藤前掲書、一九六頁から引用。
46 河辺前掲書、四六頁。
47 城丸章夫「軍隊と体育」城丸章夫・永井博『スポーツの夜明け』新日本出版社、一九七三年、一一三〜一一七頁。遠藤前掲書、一三八〜一四〇頁。
48 田中義一「地方ト軍隊トノ関係ニ就テ」『偕行社記事』第四三二号付録、一九一一年九月、八〜一〇頁。
49 教育総監部編『軍紀に関する一考察』一九三七年、三頁。
50 遠藤前掲書、一二五頁。
51 同前、一四〇頁。
52 同前、二〇七頁。
53 同前、一四〇頁。
54 同前、一四二頁。
55 ただし遠藤は後者の引用に続けて次のように述べている。「この点に関して、一九〇九年歩兵操典は、不動の姿勢を外容上の厳正さと軍人精神の充溢とを強固に結びつけることによって、上級者が下級者の不動の姿勢の動作の型を云々し、下級者の精神や思想に対して、無制限的に干渉することをねらったのである」（同前、一四二頁）。同様に城丸章夫は、外形に精神を読み込む「精神主義」を「兵士を奴隷的服従と非人間的精神状況に追いこむための基本的典型的方法であった」（城丸他前掲書、一二〇頁）と見なしている。しかしながら、動作の型への干渉を通して実際にコントロールできる領域は、本文で指摘した通り、「精神」や「思想」ではなく、あくまでも「身体」であったと考えるべきである。

56　陸軍省軍務局軍事課「陸軍礼式ノ改正ニ就テ」『偕行社記事』第二六六号、一九〇一年五月。
57　一九〇九年歩兵操典綱領の第三。ただし、前原透『日本陸軍用兵思想史』天狼書店、一九九四年、一八〇頁から引用。
58　一九〇八年軍隊内務書綱領の一、ただし、教育総監部編『精神教育より観たる軍隊内務』一一六頁から引用。
59　教育総監部編『精神教育より観たる軍隊内務』一二頁。
60　豊生『教官助教のため初年兵教育細部の着眼』成武堂、一九二六年、二一二頁。
61　田中義一「軍隊教育ニ就テ」『偕行社記事』第四三三号付録、一九一一年九月。
62　遠藤前掲書、八二～八三頁。
63　歩兵大佐原田敬一「軍隊教育に関する私見」『偕行社記事』第六〇八号、一九二五年、一六頁。
64　宇都宮・佐藤前掲書、一五五頁。
65　フジタニ・T「近代日本における群衆と天皇のページェント」『思想』第七九七号、一九九〇年一一月。
66　戦前の日本軍が「上の者が下の者に暴力をふるったりはずかしめをあたえたりすることによって、『精神』を入れてやることの好きな軍隊であった」理由について、城丸章夫は次のように述べている。「どんな理不尽なことにも服従することが軍隊の服従であり、上官の言動は『その当・不当』を論じてはならない絶対的なものだということを思い知らせるのに有効であったからだ」（城丸他前掲書、一二〇頁）。
67　田崎英明「従順な身体の行方」『インパクション』第七二号、一九九〇年一一月、八一頁。

〈第Ⅲ部〉 昭和戦時体制の担い手たち

第一章 社会集団としての陸軍将校

1 中田みのる「中堅将校の危機意識と「桜会」の結成要因」『歴史評論』一九七二年三月号。
2 五百旗頭真「陸軍による政治支配」三宅正樹他編『昭和史の軍部と政治 2 大陸侵攻と戦時体制』第一法規、一九八三年、八頁。
3 陸軍歩兵大尉寺田幸五郎『最新詳解 帝国陸軍の内容』武芸社、一九一六年、七〇頁。
4 同前、七一頁。
5 陸軍歩兵中尉中尾龍夫『軍備制限と陸軍の改造』金桜堂書店、一九二一年、九四頁。
6 同前、九一頁。
7 寺田前掲書、七二頁。
8 待命という制度と定限年齢到達前の馘首とについて少し補足しておく。ここでいう待命とは、現役将校が、すぐに予備役に編入されるのではなく、その中途段階として、現役のままいったん職を解かれた状態を意味する。陸軍将校分限令と陸軍軍人服役令の規定上では、そもそも、「他ニ事故ナキ限リ現役定限年齢ニ満ツル迄在職セシムベキモノ」であったけれども、もともとこの定限年齢とは、「所謂最大限ヲ示シアルモノ」であって、この規定をそのまま遵守していけば、「各階級共其職務ニ対シテ頗ル年長者ヲ以テ満タサルヘク従テ国軍精鋭ノ度ヲ甚シク低下スルコトトナ」ってしまう。それゆえ、「比較的劣等ニ位スル者ハ定限年齢ノ到着ヲ待タス相当ノ淘汰ヲ行」なわざるをえない。しかしながら、職務にある定限年齢前の現役将校を突然予備役に編入するのは、精神上でも、生活設計上でもあまりに唐突すぎる。それゆえ、ワンクッション置くために、いったん職を解いて、復職する可能性を残しつつ、しばらく後に予備役に編入する、という制度が作られた。それが待命である（〈陸軍省大日記〉『大正十年大日記　甲輯第二類』中「服役令、同施行規則中改正ノ件」）。

この定限年齢到達前の将校に対する待命―予備役編入という制度は、一九一〇年の陸軍将校分限令の改正（勅令第一八二号）によって導入されたものである。待命それ自体は、復職の可能性を否定したものではないが、一九一四年四月の人事局長口演において、「予算ノ関係上当分待命若干月ニシテ予備役ニ編入スル」と述べられているし（同上「服役令、同施行規則中改正ノ件」中、「大正三年四月参謀長会同ノ際人事局長口演要旨ノ抜粋」）、一九三五年八月一日の異動で待命になった者が同月二八日に全員予備役に編入されているのを見ると（『官報』一九三五年八月二日および二九日）、待命はすなわち、近日中（期間は時期によって異なる）の予備役編入を意味しており、現役として復職する可能性は事実上閉ざされていたとみるべきであろう。

9　大石隆基『陸軍人事剖判』尚武社出版部、一九三〇年、二二五～二二六頁。

10　松下芳男『軍政改革論』青雲閣書房、一九二八年、六一頁。

11　西崎順太郎「陸軍の過剰将校」『日本及日本人』一九二四年一〇月一五日。

12　官職充当階級の上昇と定員の増加はその後もさらに進んだ。本文中で数字を挙げた連隊レベルでいうと、一九三〇年には、連隊長大佐一、連隊附中佐三、連隊附少佐三、連隊副官少佐三、と「船頭多くして舟山に上るの奇現象」と揶揄されるほどに至ったのである（佐田國雄「国防と陸軍整理」『改造』一九三〇年一一月号、六八頁）。

13　西崎前掲「陸軍の過剰将校」二二三頁。

14　同前、二二一頁。

15　陸軍歩兵中尉中尾龍夫『呪はれたる陸軍』日本評論社、一九二三年、一二四頁。

16　同前、一二四〜一二五頁。

17　同前、一二五頁。

18　佐田國雄「国防と陸軍整理」『改造』一九三〇年一一月号、六八頁。

19　整理されたその後の状況についての調査によると、整理対象は少佐が圧倒的に多く五二八名、以下、中佐二四〇名、大尉一八五名、大佐一四七名、中尉七〇名などとなっていた（長谷川直敏「退職将校以下の身上に関する施設に就て」『偕行社記事』第五九六号、一九二四年五月）。なお、熊谷光久の調べでは、一九一四年に陸士を卒業した第二六期生のうち、現役にとどまっていた者の割合は、一九二八年九月一日現在で七六％、三六年九月一日現在で五九％であった（熊谷『日本軍の人的制度と問題点の研究』国書刊行会、一九九四年、二四九頁）。

20　この人数は、熊谷光久「大正の軍縮における兵員整理」『日本歴史』第四〇二号、一九八一年一一月、五九〜六〇頁の推計による。

21　人数は熊谷同上論文、六六〜六七頁参照。

22　一九三一年六月八日『読売新聞』。ただし、『新聞集成昭和編年史』第六巻、三七五頁から引用。

23　『昭和六年九月一日調　陸軍現役将校同相当官実役停年名簿』陸軍省、一九三一年一〇月。

24　ちなみに、大尉の出身期別構成を記しておけば、二三〜二六期四〇三人（一八・八％）、二七〜三〇期一〇一一人（四七・二％）、三一〜三四期六五一人（三〇・四％）、准尉候補者・少尉候補者出身七五人（三・五％）であった。

25 大石前掲書、二五頁。

26 同前、二四〜二五頁。

27 たとえば、一九一六年、京都帝大を卒業して時事新報入りした菊池寛の初任給は二五円であった（深谷昌志『学歴主義の系譜』黎明書房、一九六九年、三四九頁）。

28 松村秀逸『三宅坂』東光書房、一九五二年、二三頁参照。

29 ただし宅料（住宅手当）を含む（陸軍省編『自明治三十七年至大正十五年 陸軍省沿革史』下巻、巌南堂、一九二九年、八三四頁、陸普第三、二一三号参照）。

30 陸軍省編同前書、八三三頁。

31 同前、八五〇〜八五一頁。

32 同前、八五四頁。

33 大隈重信「軍人志望者減少の弊」『偕行社記事』第五四七号、一九二〇年三月。

34 「青年将校の告白」『東京朝日新聞』一九二〇年三月一〇日付。

35 高柳光寿他編『角川日本史辞典』第二版、角川書店、一九七四年、第五表―一から算出。

36 『東京日日新聞』一九二五年四月二三日付。

37 歩兵中尉植松助作「世路漫談」『偕行社記事』第六〇六号、一九二五年三月、五六頁。

38 職階の構造や任用・昇進システムについては、橋本鉱市・佐々木啓子「市役所職員層と教育」『近代化過程における遠隔教育の初期的形態に関する研究』放送教育開発センター研究報告第六七号、一九九四年三月、を参照。

39 汐見三郎「所得分配統計を論じて森本博士に答ふ」『経済論叢』第一二巻第三号、一九二一年三月、四七二頁。

40 同前、四七四頁。たとえば所得五万円以上の戸数は第三種所得のみでは二七八戸であるが、法人からの配当金や賞与金を加えて計算すると九八五戸に増加する。同様に一万円以上五万円未満層は三一二一戸から七一五〇戸に増加する。

41 掲載範囲の広い『大衆人事録』でも大佐級までしか掲載されていない。

42 『大正十三年三月 制度調査ニ関スル書類（制調資料）』中、制調資料第一八号（防衛研究所図書館所蔵）。

43 『大正十三年三月 制度調査ニ関スル書類（幹事長会議案）』中、第九号（防衛研究所図書館所蔵）。

44 同前中「説明」。

45 『大正十三年一月（ママ） 制度調査ニ関スル書類（制調議案）』中、議案第一〇号（防衛研究所所蔵）。

46 同前付録「給与改善案ニ関スル説明要旨」。

47 『大正十三年四月 制度調査ニ関スル書類（議事録）』中、第七回議案第一〇号（防衛研究所所蔵）。

48 同前。

49 佐藤鋼次郎『軍隊と社会問題』成武堂、一九二二年三月、二三三～二三八頁。

50 予備陸軍少将草生政恒「陸軍将校の分限と其服役に就て」『太陽』第一九巻第三号、一九一三年一〇月、九八頁。

51 海軍大佐水野廣徳「軍人攻撃と軍人呪咀」『日本及日本人』一九一八年九月一五日、二八頁。

52 一九二〇年七月法律第一〇号「恩給扶助料等ノ増額ニ関スル法律」。具体的には中将二割・少将三割、佐官四・七〜五・七割、尉官六・四〜七割の増給であった。

53 注35と同じ。

54 佐藤前掲書、二二四頁。

55 S少佐「思ひ付のまま――在郷将校の生活問題――」『偕行社記事』第五三九号、一九一九年七月。

56 同前。

57 佐藤鋼次郎中将「冷酷なる議会の解散」『東京朝日新聞』一九二〇年三月四日付。

58 『東京朝日新聞』一九二〇年三月五日付。

59 同前。

60 総理府恩給局編『恩給制度史』大蔵省印刷局、一九六四年、一一五〜一一八頁。

61 同前、四八〇〜四八二頁、第一号表から算出。なお、一九二三年八月の恩給法施行令（勅令第三六七号）により、将校生徒の期間も在職年数に加えられた。

62 田窪純子「高い俸給でゆとりのあった軍人将校の家計」中村隆英編『家計簿からみた近代日本生活史』東京大学出版会、一九九三年。

63 佐藤鋼次郎前掲「冷酷なる議会の解散」。

64 ただし、一九二三年の軍縮の際の史料を見ると、軍縮による理由で現役定限年齢以前に退職した者の場合に特例として設定された「退職特別賜金」に関しては、少尉は俸給の二四ヶ月分、大尉二一ヶ月分、少佐一六ヶ月分、中将および大将八ヶ月というように、階級が低いほど俸給に対する比率が高い「転職賜金」が支払われた。これは、階級が低いほど再就職の必要性が高かったことを示している（〈陸軍省大日記〉『大正十二年大日記　甲輯第三類』中、「退職者慰労金ニ関スル件」）。

65 前掲S少佐「思ひ付のまま」参照。
66 同前。
67 園田英弘他『士族の歴史社会学的研究』名古屋大学出版会、一九九五年。
68 陸軍歩兵大尉石藤市勝『どうして陸軍を改革すべきか』大阪毎日新聞社、一九二四年、九四頁。
69 中尾前掲『呪はれたる陸軍』一三～一四頁。
70 武藤山治『軍人優遇論』ダイヤモンド社、一九二〇年、三八～三九頁。
71 城東生「現役及在郷将校の一致を望む」『偕行社記事』第五九〇号、一九二三年一一月。
72 長谷川直敏「退職将校以下の身上に関する施設に就て」『偕行社記事』第五九六号、一九二四年五月。
73 将校の名誉意識の強さについては、上巻第Ⅱ部第三章を参照。
74 「退職将校職業選択の一側面」『偕行社記事』第六〇二号、一九二四年一一月。
75 『偕行社記事』第六二九号、一九二七年二月。また、陸軍省人事局は一九二三（大正一二）年に、さまざまな学校の規則の抄録を編輯して、退職将校の修学の便宜をはかった（『偕行社記事』第五八四号付録「学修便覧」一九二三年四月）。
76 石橋前掲書、一二二頁。
77 在郷将校「退職時の感想」『偕行社記事』第六九五号、一九三二年七月。
78 同前。
79 伊藤昇『昭和の戦乱に終始した一将校の老廃までの歩み』一九七九年、二三～二四頁。
80 〈陸軍省大日記〉『明治四十二年自四月至六月 密大日記』雑第一五号「将校生徒募集法ニ就テノ研究書進達」（第三師団長渡辺章から陸軍大臣寺内正毅宛。六月五日付）。

81 T・B・ボットモア『エリートと社会』岩波書店、一九六五年、一二九頁。
82 石井淳『将校の士気及思想問題』兵事雑誌社、一九二〇年、六〇〜六一頁参照。
83 佐藤前掲『軍隊と社会問題』二四〇頁。
84 佐伯二等主計「武官の給与に関する私見」『偕行社記事』第六〇九号、一九二五年六月。
85 西義章騎兵大尉「青年将校の体力及気力の増進案」『偕行社記事』第五七四号、一九二二年六月。
86 E・H・キンモンス『立身出世の社会史』玉川大学出版部、一九九五年、二〇七頁。
87 浦野清槌騎兵大尉「青年将校ノ体力及気力ノ増進案」『偕行社記事』第五七五号、一九二二年七月。
88 荒武者『大学受験の告白』兵事雑誌社、一九一六年、一六〜一七頁。
89 同前、一四頁。
90 同前、一五〜一六頁。
91 同前、一四頁。
92 キンモンス前掲書、竹内洋『日本人の出世観』学文社、一九七八年。
93 『偕行社記事』第一三号、一八八九年五月、七二頁。
94 TS生「小策ヲ弄スル弊ヲ矯メサレハ進歩改善ハ期シ難シ」『偕行社記事』第五八三号、一九二三年三月。
95 與倉喜平少将「吾人ノ覚悟」『偕行社記事』第五一〇号、一九一七年一月。
96 飯塚浩二『日本の軍隊』東大協同組合出版部、一九五〇年、四二頁。
97 覚醒子『国軍危機 軍部覚醒論 前編』軍事覚醒研究会本部、一九二四年、一四頁。
98 飯塚前掲書、四三頁。

99 佐田國雄「国防と陸軍整理」『改造』一九三〇年一一月号、六八頁。
100 関口武彦「陸軍天保銭問題」『山形大学紀要』(社会科学)第一六巻第二号、一九八六年一月、一三一～一三二頁。
101 開校時の学生から一九一一年陸大卒業生までの進級状況を一九二九年のデータで検討した大濱徹也によれば、陸大卒業者は九〇%前後が将官まで進級しているという(大濱『天皇の軍隊』教育社、一九七八年、一八三～一八五頁)。
102 今西英造『昭和陸軍派閥抗争史』伝統と現代社、一九七五年、六一～七〇頁。
103 荒武者前掲書、晴軒居士『陸軍大学入学準備ト研究法』兵事雑誌社、一九一七年等。
104 荒武者前掲書、二九頁。
105 半田敏治砲兵大尉「在郷三年の所感」『偕行社記事』第六三四号、一九二七年七月。
106 同前。
107 陸軍歩兵大佐石橋市勝『どうして陸軍を改革すべきか』大阪毎日新聞社、一九二四年、一二一頁。
108 同前、一二〇～一二一頁。
109 同前、一一九～一二〇頁。
110 寺田前掲書、七〇頁。
111 関口前掲論文、一四六～一五一頁。
112 中尾前掲『軍備制限と陸軍の改造』八五～八七頁。
113 石井淳『若き士官へ』兵事雑誌社、一九一四年、二一頁。
114 『現代史資料23 国家主義運動㈢』みすず書房、一九七四年、三四五～三六一頁に所収。

115 同前、三四六〜三五五頁。

116 同前、三五四頁。

117 たとえば、上法快男編『陸軍大学校』芙蓉書房、一九七三年、第四部、等。

118 陸士卒業期ごとの学歴別将官昇進確率を計算した河野仁によれば、陸大卒と非陸大卒との学歴格差(将官昇進率の差)は、一九〇〇〜〇九年の時期の陸士卒業生では、一八八〇年代の陸士卒業生の約二倍に拡大していた(河野「近代日本における軍事エリートの選抜」『教育社会学研究』第四五集、一九八九年、表1)。しかしながら、その間、陸大卒の将官昇進率は横ばいか若干増加した程度にすぎない。陸大卒の将官ポスト占有率もほぼ一定の割合で推移していた(同前)。つまり、時代が下るにつれて陸大の将官輩出機能が強まったわけではないのである。むしろ「無天組」の将校の絶対数が増加したために、彼らの中から将官にまで到達できる者の割合が減少したのである。「学歴格差」が広がったのは、陸大非進学者の昇進のチャンスが減少したことによるのである。

119 筒井清忠『昭和期日本の構造』有斐閣、一九八四年、九七頁。

120 そもそも、「独断専行」という行為自体は、作戦要務令で規定されていたものの、それはあくまでも戦闘時の現場指揮官の非常対応的な原則であった。ところが、功を求める軍人がそれを平時や国内に無限定に拡大していったため、「独断を名とする専恣がはびこ」ることになった(大谷敬二郎『天皇の軍隊』図書出版社、一九七二年、一八二頁)。それというのも、「独断専行の専恣、それはややもすれば、形式的、結果的に評価されることが多い。この故に、ことが成功すれば、独断専行の典型として推賞される」からであった(同前)。その結果、「軍の中には、その第一線は独断に仮想する専断がまかりとおり、その中央にはこの専恣のうらはらをなす下剋上がさかえ」ることになったのである(同前)。

121　竹内洋『競争の社会学』世界思想社、一九八一年、一四頁。
122　伊藤前掲書、一六頁。
123　一在郷社員「社会的見地による将校養成制度の側面観」『偕行社記事』第六二七号、一九二六年一二月。
124　同前、三八頁。
125　同前。
126　A・ファークツ『ミリタリズムの歴史』望田幸男訳、福村出版、一九九四年、三一九頁。
127　関口前掲論文、一五〇頁。

第二章　「担い手」諸集団の意識構造

1　藤井忠俊「民衆動員について考えたこと」『季刊現代史』第二号、一九七三年、五頁。
2　今井清一・伊藤隆編『現代史資料(44) 国家総動員(二)』みすず書房、一九七四年、一四六頁。
3　門脇厚司「日本的「立身・出世」の意味変遷」門脇編『現代のエスプリ　118　立身出世』至文堂、一九七七年、六八頁。見田宗介『現代日本の心情と論理』筑摩書房、一九七一年、一八五頁。
4　「立身出世」という語の定義は、安田三郎に沿ってここでは「いろいろな形の社会的上昇」というふうに定義しておく（安田『社会移動の研究』東京大学出版会、一九七一年、四二六頁）。
5　見田前掲書、一九三頁。
6　加賀美智子「日本「近代」の「家」と出世」『ソシオロジ』第一九巻第二号、一九七四年、七六頁。
7　竹内洋『日本人の出世観』学文社、一九七八年、八六頁。

8　竹内洋『選抜社会』リクルート出版、一九八八年、一〇八頁。
9　同前、一八七頁。
10　安田前掲書、四二一〜四二二頁。
11　飯塚浩二は「杉本五郎中佐の『大義』におけるような自己催眠にまで赴いた人は職業軍人中にも、あまり多くはなかったろうと思われる」と観察している（飯塚『日本の軍隊』東大協同組合出版部、一九五〇年、一九五頁）。
12　安田前掲書、四四四頁。
13　なお、戦前期の立身出世アスピレーションの問題に関しては本文で見てきた諸研究の他に、キンモンスが興味深い研究を行っている（E・H・キンモンス『立身出世の社会史』広田照幸他訳、玉川大学出版部、一九九五年）。ただし、①主としてエリート層に焦点を絞っている、②戦時期についてイデオロギーの位置づけが不明確である、という理由から、ここでは言及しなかった。
14　松浦玲『続日本人にとって天皇とは何であったか』辺境社、一九七九年、一三〇〜一三一頁。
15　鶴見和子「極東国際軍事裁判」『思想』第五三〇号、一九六八年八月、二九頁。
16　ただし、戦後の一般国民の総転向—旧職業軍人の差別化・孤立化によって、多くの職業軍人はかえって軍人勅諭・教育勅語に固執することになった。この点については鶴見俊輔『転向研究』筑摩書房、一九七六年所収「軍人の転向」参照。
17　作田啓一『価値の社会学』岩波書店、一九七二年、二六〇〜二六一頁。
18　同右、二六七頁。
19　吉見義明『草の根のファシズム』東京大学出版会、一九八七年、第四章第二節。

20 アジアの女たちの会他編『教科書に書かれなかった戦争 part 1』梨の木舎、一九八三年、九七頁。
21 座談会「侵略と兵士」『季刊現代史』第四号、一九七四年、一一一頁。
22 アジアの女たちの会他編前掲書、一〇三〜一〇四頁。
23 座談会「侵略と兵士」一一三頁。
24 同前、一〇七頁。
25 同右。
26 朝日新聞山形支局『聞き書き ある憲兵の記録』朝日新聞社、一九八五年、二六頁。
27 同前、四八〜四九頁。
28 同前、六二頁。
29 作田「報恩の教義とその基盤」隅谷三喜男編『日本人の経済行動(下)』東洋経済新報社、一九六九年、一一七頁。
30 小松茂夫「日本軍国主義と一般国民の意識(下)」『思想』第四一一号、一九五八年九月、一〇九頁。
31 岩手県農村文化懇談会編『戦没農民兵士の手紙』岩波書店、一九六一年、二二九頁。
32 大牟羅良「軍隊は官費の人生道場?!」大濱徹也編『近代民衆の記録8 兵士』新人物往来社、一九七八年、五九三頁。
33 吉見前掲書、一三〜一四頁。
34 座談会「侵略と兵士」一一二〜一一三頁。
35 高崎隆治編『十五年戦争極秘資料集 第一集 大東亜戦争ニ伴フ我カ人的国力ノ検討』不二出版、一九八七年。

36 同前、七七〜七八頁。
37 同前、一二〇〜一二一頁。
38 同前、一一七頁。
39 吉見前掲書、二六〜三四頁。引用は三二頁。
40 長浜功『日本ファシズム教師論』大原新生社、一九八一年、七三頁。
41 藤井忠俊「教育のなかの国家と民衆」『季刊現代史』第八号、一九七六年、一六〜一七頁。
42 山本徹『田舎教師のひとりごと』静岡教育出版社、一九八八年、六三頁。
43 箱田和之「軍国主義教育の中で送った私の半生」広島平和教育研究所編『戦前の教育と私』朝日新聞社、一九七三年、九四頁。
44 長浜前掲書、一一〇頁。
45 同前、一一八頁。
46 同前、二三八〜二四六頁。
47 同前、二五八〜二六九頁。
48 田島淳「戦争体験と思想の変革」『思想』第四三〇号、一九六〇年四月、で紹介されているエピソード。
49 岩佐次郎「師範タイプを育てたもの」広島平和教育研究所編前掲書、八五頁。
50 荻野末『ある教師の昭和史』一ツ橋書房、一九七〇年、四五頁。
51 向山忠夫『終戦処理校長の手記』教育出版センター、一九八四年、二二頁。
52 山本七平『私の中の日本軍（上）』文春文庫、一九八三年、一〇三〜一三〇頁。

53　見田前掲書、二〇七頁。

54　作田前掲『価値の社会学』二八九頁。

55　一つだけ例を挙げておこう。中国戦線における日本兵士による強姦を当事者たる兵がどううけとめていたかについて高崎隆治は次のように分析している。

「簡単に言ってしまえば、戦場へ行けばなにか一つぐらいはいいことがあってもよさそうなものだという、まさにそのいいことがそれ（強姦）であったのだ。けっしてそれはほめられたものではないという程度の認識は、兵士のだれもがもってはいたが、それは生命をかけて戦った正当な報酬だという勝手な？　解釈をしていたことから罪悪感はほとんどなかったといっていいだろう」（高崎隆治「中国戦線での強姦が及ぼした思想的影響」『思想の科学』第六一号、一九八五年、三二頁）。

国のために命を賭けて戦う、という大義名分への「ささやかな」見返りとして、性的欲求の「解放」を自分で都合よく承認しているのである。もちろん強姦に関しては「献身」との接点はまったく無い。しかし、「より多くの中国人を殺せば、自分の、所属部隊の手柄になり、軍の、ひいては国のためになる」（土屋芳雄）という戦争観にスムーズに連動した心理構造であることは異論が無いであろう。軍律による禁止規定よりもより「高次の正義」が保証されているのである。

56　山本明「教養と生きがい」伊東俊太郎他編『講座・比較文化　第四巻　日本人の生活』研究社出版、一九七六年、二〇七〜二〇八頁から引用。

57　鶴見俊輔『戦時期日本の精神史』岩波書店、一九八二年、五〇〜五一頁。

58　小松茂夫「日本軍国主義と一般国民の意識（上）」『思想』第四一〇号、一九五八年八月、三三一〜三三三頁。

結論　陸軍将校と天皇制

1　逆にいうと、明治期には共通の出身背景を基盤として、政治エリートと軍事エリートとの間の連携がうまくいっていたという説明もできるかもしれない。こうした説明をしている例として、藤井徳行「明治時代における軍事エリート」『海外事情』一九七七年九月号、三二頁、を挙げておく。

2　芝原拓自「近代天皇制論」『岩波講座　日本歴史15　近代2』岩波書店、一九七六年、三五〇頁。

3　熊谷直（光久）『軍学校・教育は死なず』光人社、一九八八年、一五二頁。

4　宇都宮憲兵隊長持長浅治「服務資料綴」『続・現代史資料(6)　軍事警察』みすず書房、一九八二年、二三〇頁、原史料は一九二七年のもの。

5　一在郷将校「退職時の感想」『偕行社記事』第六九五号、一九三二年七月。

6　丸山真男『増補版　現代政治の思想と行動』未來社、一九六六年、一〇六～一一六頁。

7　なお、丸山の論については、キンモンスが同様の批判を加えている（E・H・キンモンス『立身出世の社会史』広田照幸他訳、玉川大学出版部、一九九五年、三〇四～三〇八頁）。

8　松下芳男『日本軍閥の興亡』芙蓉書房、一九八四年、二四三頁。

9　高畠通敏『政治の発見』三一書房、一九八三年、一三～一四頁。

10　A・ファークツ『ミリタリズムの歴史』望田幸男訳、福村出版、一九九四年、二八三～二九四頁。

11　同前、三一七～三二〇頁。

12　同前、四四二～四四三頁。また四九九～五〇〇頁も参照。

13 同前、二八三頁。
14 同前、二八四頁。
15 Bledstein, B. J., *The Culture of Professionalism*, W. W. Norton & Company, Inc., 1978, pp. 92-105.
16 井出嘉憲『日本官僚制と行政文化』東京大学出版会、一九八二年、三六頁。
17 同右、五二頁。
18 Barnett, C., "The Education of Military Elites", *The Journal of Contemporary History*, Vol. 2, No. 3, p. 30.
19 たとえば、現役将校が行政官僚のテリトリーに進出していった様相については、永井和『近代日本の軍部と政治』思文閣出版、一九九三年、第三章「現役将校の官界進出」参照。
20 ファークツ前掲書、二九四頁。
21 小玉亮子「「子どもの視点」による社会学は可能か」『岩波講座　現代社会学12　こどもと教育の社会学』岩波書店、一九九六年。
22 鶴見俊輔『戦時期日本の精神史』岩波書店、一九八二年、五〇頁。
23 池田進「教育の建前と本音」池田進・本山幸彦『大正の教育』第一法規、一九七八年、三七頁。植民地における朝鮮人や中国人への徹底した「国民」意識の注入が、決して彼らにそうしたイデオロギーを内面化させるものではなかったことについては、山室信一が紹介する事例を参照（山室信一『キメラ――満洲国の肖像』中央公論社、一九九三年、二九八〜三〇四頁）。
24 「光陰可惜説」『穎才新誌』第二〇七号、一八八一年五月。
25 作田啓一『価値の社会学』岩波書店、一九七二年、二八九頁、見田宗介『現代日本の心情と論理』筑摩書房、一九七一年、一九五〜一九八頁。

26 創価学会婦人平和委員会編『かっぽう着の銃後』第三文明社、一九八七年、二三一〜二三二頁。

27 藤田省三『天皇制国家の支配原理』未來社、一九六六年、一九四頁。

28 同前、一五五頁。

29 同前、一五一頁。

30 戦後の国民が、戦争指導者を批判して、「われわれはだまされた」と言う時、しばしば、戦争の善悪の次元で「だまされた」という点ではなく、結局勝てない戦争であった、という点を意味している（小股憲明「天皇制をめぐる覚え書き」『人間関係論集』第一号、大阪女子大学、一九八四年、二一七頁）。それは、こうした戦局の判断が誤りであった点のみを後悔しているのであって、戦争それ自体に対する反省ではないのである。

31 池田前掲論文、三六〜三七頁。

32 久野収・鶴見俊輔『現代日本の思想』岩波書店、一九五六年、一三六頁。

33 作田前掲書、二六七頁。

34 注21参照。

35 作田前掲書、五〜六頁。

36 同前、二五八頁。

37 同前、二五八〜二五九頁。

38 安田常雄『日本ファシズムと民衆運動』れんが書房新社、一九七九年、四八九頁。

39 同前、四九〇頁。

40　Tamotsu Shibutani, "Reference Groups as Perspectives", *The American Journal of Sociology*, Vol. 60, 1955, pp. 562–569.

41　*ibid.*, pp. 567–568. 引用は石黒毅氏の訳によった。

42　*ibid.*, p. 563.

43　E・ゴッフマン『出会い』佐藤・折橋訳、誠信書房、一九八五年、九一〜九二頁。

44　あるいは役割理論からいえば、一つの役割の遂行が同時に別の役割の遂行を兼ねているという様子を示している。

45　R・ドーソン他『政治的社会化』芦書房、一九八九年、一三三頁。

46　ただし、だからといって、私は〈状況〉のみが重要で、それに先立つ政治的社会化は無視しうるといいたいわけではない。政治を検討するにあたってパーソナリティという変数を無視しうるという主張を注意深く検討・批判したグリーンスタインが述べるように、生起した事態を説明するためには状況もパーソナリティもともに視野に入れて、個別の事例に即して検討していく必要があるということである（F・I・グリーンスタイン『政治的人間の心理と行動』勁草書房、一九七九年、第二章）。

47　桜井哲夫「挙国一致の構造」『思想』第六七三号、一九八〇年七月、六〇頁。

48　この事例はゴッフマン「ゲームの面白さ」（前掲『出会い』所収）から着想を得た。

49　作田前掲書。ただし作田の論では、制度化された集団規範と内面化された個人心理との区別が曖昧な部分がある。その結果、行為の正当化と行為の動機とが不分明な点が見うけられる。

50　小松茂夫「日本軍国主義と一般国民の意識（上）」『思想』第四一〇号、一九五八年八月、三二一〜三三三頁。

51 ゴッフマン前掲書、一一八頁。

52 同前、一二四頁。

53 安丸良夫も「踏み絵」という語を用いて、現代天皇制を秩序と権威にしたがう「良民」か否かをためす装置である、と指摘している（安丸『近代天皇像の形成』岩波書店、一九九二年、二八八～二九二頁）。

54 田島淳「戦争体験と思想の変革」『思想』第四三〇号、一九六〇年四月、三〇頁。

55 石堂秀夫『明治秘史 不敬罪〝天皇ごっこ〟』三一書房、一九九〇年。

56 池田前掲論文および、岩本努『「御真影」に殉じた教師たち』大月書店、一九八九年、第九章。

57 石田雄『日本の政治文化』東京大学出版会、一九七〇年。

58 岩本前掲書、第六章。

59 上野英信『天皇陛下萬歳――爆弾三勇士序説』筑摩書房、一九七一年。

60 中内敏夫『軍国美談と教科書』岩波書店、一九八八年、九七～一〇〇頁。

61 忠誠競争によって同調の強度が高まり、さらにその中でより急速な競争が行なわれたという循環構造を指摘した石田雄の議論は、ここでの論点と重なっている（石田前掲書、二四頁他）。

文献一覧

・本文中で引用・言及した文献について、(1)統計資料および主な逐次刊行物についての書誌的説明、(2)未公刊資料、(3)『偕行社記事』からの引用一覧、(4)刊行物（一九四五年以前のもの）、(5)刊行物（一九四五年以降のもの）に分類して掲げた。
・刊行物であっても発行所等の記載がなく、書誌事項の完備しないものは所蔵機関を明示した。
・〔 〕は、広田が便宜上付けたもの。
・(4)と(5)は著者名によるアルファベット順に配列したが、著者名に「陸軍歩兵大尉」等の肩書の付いたものは、それを除いた氏名に基づいて配置した。また、著者名が不明のものは、文献名に依拠して配置した。

(1) 統計資料および主な逐次刊行物

『法令全書』（内閣官報局）
『官報』
『教育総監部統計年報』各年版（国会図書館が部分的に所蔵）
『日本帝国統計年鑑』（内閣統計局、一八八二〜一九三六）

『日本帝国文部省年報』（文部大臣官房、一八七三～一九四二）
『陸軍省年報』各年版（第一～一二、一八七五～一八八六年、国会図書館が部分的に所蔵、および日本図書センターによるマイクロフィルム版を利用）
『陸軍省統計年報』各年版（一八八七～一九三七年、国会図書館が部分的に所蔵、および日本図書センターによるマイクロフィルム版を利用）
『全国公立私立中学校ニ関スル諸調査』各年度版（文部省普通学務局、一九〇四～四〇年、大空社による復刻版を利用）
『偕行社記事』第一～八〇〇号（一八八八～一九四一年、東京大学法学部附属明治新聞雑誌文庫その他が部分的に所蔵、およびナダ書房によるマイクロフィルム版を利用）
『内外兵事新聞』第一～四四四号（一八七六～八四年、内外兵事新聞局）（ナダ書房によるマイクロフィルム版を利用）

(2) 未公刊資料

『陸軍教育史　明治別記第十一巻　陸軍中央地方幼年学校之部』（稿本、防衛研究所図書館所蔵）
『陸軍教育史　明治別記第十二巻　陸軍戸山学校之部』（稿本、防衛研究所図書館所蔵）
『陸軍教育史　明治別記第十八巻　陸軍教導団之部』（稿本、防衛研究所図書館所蔵）
『名古屋陸軍幼年学校歴史』（稿本、防衛研究所図書館所蔵）
『陸軍中央幼年学校歴史』（稿本、防衛研究所図書館所蔵）
『陸軍中央幼年学校沿革史』（稿本、防衛研究所図書館所蔵）

『陸軍士官学校歴史　巻二』（稿本、防衛研究所図書館所蔵）
『教育総監部第二課歴史』（書類綴、防衛研究所図書館所蔵）
『大正十三年三月　制度調査ニ関スル書類（制調資料）』（防衛研究所図書館所蔵）
『大正十三年三月　制度調査ニ関スル書類（幹事長会議案）』（防衛研究所図書館所蔵）
『大正十三年一月(ママ)　制度調査ニ関スル書類（制調議案）』（防衛研究所図書館所蔵）
『大正十三年四月　制度調査ニ関スル書類（議事録）』（防衛研究所図書館所蔵）
杉坂共之日記（東幼会所蔵）
小林友一日記（東幼会所蔵）
石居孝男日記（東幼会所蔵）
佐野幹雄日記（東幼会所蔵）
陸軍士官学校本科第三中隊『訓示綴』（書類綴、偕行社所蔵）
山田寅吉『六十六年の経過及その曲折』（偕行社所蔵）
〈陸軍省大日記〉（防衛研究所図書館が所蔵する旧陸軍省の事務書類。本文中で引用・言及したものは以下の通りである）
『明治四十二年自四月至六月密大日記』中、雑第一五号「将校生徒募集法ニ就テノ研究書進達」
『大正二年密大日記（四冊ノ内一）』中、「士官候補生召募人員減少ノ件」
『大正二年密大日記（四冊ノ内二）』中、人件第二号「士官候補生身上ニ関スル件」
『大正四年密大日記（四冊ノ内二）』中、教育第二号「陸海軍諸学校ニ御入学アラセラルヘキ皇族殿下ノ御身分取扱並御下賜品ニ関スル件」

『大正十年密大日記六冊ノ内第六冊』中、「将校生徒志願者召募概況ノ件」
『大正十年大日記甲輯　第二類』中、「服役令、同施行規則中改正ノ件」
『大正十一年大日記甲輯　第二類』中、「陸軍准士官下士ヲ判任文官ニ任用ニ関スル件」
『大正十二年大日記甲輯　第二類』中、「少尉候補者ノ選抜資格改正ニ関スル研究」
『大正十二年大日記甲輯　第三類』中、「退職者慰労金ニ関スル件」

(3) 『偕行社記事』の記事中の引用・言及資料（号数・発行年月）

第一三号（一八八九年五月）「将校団教育訓令」
第五〇号（一八九〇年一二月）陸軍歩兵少尉増田正春「新兵教育上ノ卑見」
第五六号（一八九一年三月）陸軍省軍務局「明治二十五、二十六年一年志願兵成績表」
第一二六号（一八九四年二月）「秋山騎兵少佐講話筆記」
第一九四号（一八九八年五月）「軍人教育要談」
第二三六号（一九〇〇年二月）佐藤鋼次郎「軍紀ノ標本」
第二六六号（一九〇一年五月）陸軍省軍務局軍事課「陸軍礼式ノ改正ニ就テ」
第二九七号（一九〇二年九月）「伊豆歩兵少佐の談話」
第三〇一号（一九〇二年一一月）ゴ・コ・生「下士ニ良材ヲ得ヘキ方法ヲ論ス」
第三一四号（一九〇三年五月）大越兼吉「将校生徒募集ニ就テ」
第四〇七号（一九一〇年三月）歩兵中尉村田契麟「完全ナル軍隊的家庭」
第四二二号（一九一〇年一二月）門馬伝四郎歩兵大尉「在隊間ニ於ケル士官候補生ノ訓育方案」

第四二七号付録（一九一一年三月）田中義一「地方ト軍隊ノ関係」
第四三二号付録（一九一一年九月）田中義一「地方ト軍隊トノ関係ニ就テ」
第四三三号付録（一九一一年九月）田中義一「軍隊教育ニ就テ」
第四四〇号（一九一二年三月）歩兵大尉小原正忠「社会ノ趨勢ト佐倉連隊区内各地方ノ状況並其ノ人情風俗ヲ考慮シ之ニ適応スル精神教育ノ方法手段」
第四四三号（一九一二年三月）大庭二郎戸山学校長「軍隊教育ニ関スル研究」
第四六四号（一九一三年八月）陸士校長橋本少将の談話
第五一〇号（一九一七年一月）與倉喜平少将「吾人ノ覚悟」
第五二五号（一九一八年四月）歩兵大佐宮地久壽馬「軍隊教育ニ関スル所感」
第五三三号（一九一八年一二月）歩兵大佐真崎甚三郎「将校生徒ノ召募ニ就テ」
第五三四号（一九一九年一月）歩兵大佐守永弥惣次「将校下士ノ言語動作カ兵卒ノ精神上ニ及ホス影響ニ就テ」
第五三九号（一九一九年七月）S少佐「思ひ付のまま——在郷将校の生活問題——」
第五四七号（一九二〇年三月）大隈重信「軍人志願者減少の弊」
第五六九号（一九二二年一月）将校生徒試験常置委員主事「将校生徒志願者ノ現況並指導ニ就テ」
第五七四号（一九二二年六月）野砲兵第一七連隊第六中隊「大正十一年度各年兵精神訓話予定表」
第五七四号（一九二二年六月）西義章騎兵大尉「青年将校の体力及気力の増進案」
第五七五号（一九二二年七月）浦野清槌騎兵大尉「青年将校ノ体力及気力ノ増進案」
第五八三号（一九二三年三月）ＴＳ生「小策ヲ弄スル弊ヲ矯メサレハ進歩改善ハ期シ難シ」

第五八四号付録（一九二三年四月）陸軍省人事局編「学修便覧」

第五九〇号（一九二三年一一月）北原一視「「長上に対する親切」に就き論ず」

第五九〇号（一九二三年一一月）城東生「現役及在郷将校の一致を望む」

第五九六号（一九二四年五月）長谷川直敏「退職将校以下の身上に関する施設に就て」

第六〇二号（一九二四年一一月）「退職将校職業選択の一側面」

第六〇六号（一九二五年三月）歩兵中尉植松助作「世路漫談」

第六〇八号（一九二五年五月）歩兵大佐原田敬一「軍隊教育に関する私見」

第六〇八号（一九二五年五月）陸軍歩兵中尉大石正幸「時代の趨勢に鑑み中隊長としての兵卒に対する精神教育方案」

第六〇九号（一九二五年六月）佐伯二等主計「武官の給与に関する私見」

第六二七号（一九二六年一二月）一在郷社員「社会的見地による将校養成制度の側面観」

第六三四号（一九二七年七月）半田敏治砲兵大尉「在郷三年の所感」

第六九五号（一九三二年七月）在郷将校「退職時の感想」

第七六四号（一九三八年五月）「陸幼概観」

(4) 刊行物（一九四五年以前）

秋庭守信「下士ヲ待遇スル制度ノ変更ヲ望ム」『内外兵事新聞』第三八六号、一八八三年一月七日。

荒城卓爾『幼年生時代の追憶』一九四〇年？（東幼会所蔵）。

荒武者『大学受験の告白』兵事雑誌社、一九一六年。

藤井秀『軍人の本領』正行社、一八九九年。

福沢諭吉『学問のすゝめ』岩波書店、一九四二年。

土方成美「我国における所得の分布」『経済学論集』第七巻第三号、一九二八年。

広瀬豊『軍人小訓』武士道研究会、一九二七年。

歩兵第十五連隊編『改正　口授書第壱編』一八八七年。

歩兵第五十四聯隊将校集会所編『精神教育資料　訓話篇』河原書店、一九一四年。

洞口北涯『中学校卒業者成効案内』海文社、一九〇九年。

稲垣伸太郎「軍人の不人気は何故ぞ」『日本及日本人』一九一八年五月一日号。

猪野三郎監輯『第十二版　大衆人事録』帝国秘密探偵社・国勢協会、一九三七年。

伊藤忍軒編『陸海軍の士官になるまで』光文社、一九一四年。

（陸軍歩兵大尉）石藤市勝『どうして陸軍を改革すべきか』大阪毎日新聞社、一九二四年。

（陸軍歩兵中尉）石井淳『若き士官へ』兵事雑誌社、一九一四年。

石井淳『将校の士気及思想問題』兵事雑誌社、一九二〇年。

石井忠利『戦後の日本将校』兵事雑誌社、一八九八年。

池田佐次馬編『全国上級学校大観』欧文社、一九三八年。

人事興信所編『人事興信録』第一三版、人事興信所、一九四一年。

樺山友義『林銑十郎伝』一九三七年、偕行社所蔵。

『兜の蔭』（東京陸軍幼年学校第三〇期上田菊彦日記）一九三一年、東幼会所蔵。

覚醒子『国軍危機　軍部覚醒論　前編』軍事覚醒研究会本部、一九二四年。

北原一視歩兵大尉『己れとは』陸軍士官学校研究会、一九二一年。

「光陰可惜説」『穎才新誌』第二〇七号、一八八一年五月。

熊本陸軍地方幼年学校編『熊本陸軍地方幼年学校一覧』一九〇二年、国会図書館所蔵。

熊本陸軍地方幼年学校編『熊本陸軍地方幼年学校一覧』一九一六年、国会図書館所蔵。

（予備陸軍少将）草生政恒「陸軍将校の分限と其服役に就て」『太陽』第一九巻第三号、一九一三年一〇月。

教育史編纂会編『明治以降教育制度発達史』第四巻、教育資料調査会、一九三八年。

教育史編纂会編『明治以降教育制度発達史』第五巻、教育資料調査会、一九三八年。

教育総監部編『精神教育より観たる軍隊内務』一九三五年。

教育総監部編『武人の徳操（上）（下）』偕行社、一九三〇年。

教育総監部編『軍紀に関する一考察』成武堂、一九三七年。

牧瀬五一郎・古川義天『軍人精神訓』陸軍中央幼年学校、一九一六年。

松下芳男『軍政改革論』青雲閣書房、一九二八年。

「明治十六年陸軍士官学校生徒志願者人員表」『内外兵事新聞』第四二五号、一八八三年一〇月七日。

三田谷啓「職業に関する児童の理想」『心理研究』第八六号、一九一九年二月。

（海軍大佐）水野廣徳「軍人攻撃と軍人呪咀」『日本及日本人』一九一八年九月一五日号。

森川幸次「士官生徒府県下ヨリ募ルハ不可ナルノ説」『内外兵事新聞』第一三九号、一八七八年四月一四日。

武藤山治『軍人優遇論』ダイヤモンド社、一九二〇年。

『名古屋陸軍地方幼年学校一覧』一九〇二年、国会図書館所蔵。

『名古屋陸軍地方幼年学校生徒心得』一九三七年、防衛研究所図書館所蔵。
（陸軍歩兵中尉）中尾龍夫『軍備制限と陸軍の改造』金桜堂書店、一九二一年。
（陸軍歩兵中尉）中尾龍夫『呪はれたる陸軍』日本評論社、一九二三年。
西崎順太郎「陸軍の過剰将校」『日本及日本人』一九二四年一〇月一五日号。
根津一「投書」『内外兵事新聞』第一三五号、一八七八年三月一七日。
大石隆基『陸軍人事剖判』尚武社出版部、一九三〇年。
大森狷之介「昔がたり」『成城』第七八号、一九三九年、成城高校所蔵。
大谷深造工兵大佐『橘中佐』一九一三年、偕行社所蔵。
「陸軍下士諸君ニ告ク」『内外兵事新聞』第三八七号、一八八三年一月一四日。
「陸軍下士諸君ニ告ク」『内外兵事新聞』第三九一号、一八八三年二月一一日。
陸軍士官学校編『陸軍士官学校一覧』兵事雑誌社、一九〇四年、国会図書館所蔵。
陸軍士官学校編『陸軍士官学校の真相』一九一四年、国会図書館所蔵。
陸軍士官学校編『陸軍士官学校要覧』一九三二年一一月、偕行社所蔵。
陸軍士官学校予科編『生徒文集』偕行社所蔵。
『陸軍士官学校案内』一九二三年、防衛研究所図書館所蔵。
『陸軍士官学校本科生徒課外講演』国会図書館所蔵。
陸軍省編『自明治三十七年至大正十五年陸軍省沿革史』下巻、巌南堂、一九二九年。
陸軍予科士官学校編『生徒文集』偕行社所蔵。
佐田國雄「国防と陸軍整理」『改造』一九三〇年一一月号。

桜井忠温編『類聚伝記大日本史　第十四巻　陸軍篇』雄山閣、一九三五年（復刻版は一九八一年）。

佐藤鋼次郎『軍隊と社会問題』成武堂、一九二二年。

「成城学校御在学時代の故久邇宮邦彦王殿下」『成城』第七八号、一九三九年、成城高校所蔵。

晴軒居士『陸軍大学入学準備ト研究法』兵事雑誌社、一九一七年。

柴田文三郎『軍人精神教育譚』精行社、一八九八年。

『昭和六年九月一日調　陸軍現役将校同相当官実役停年名簿』陸軍省、一九三一年一〇月、防衛研究所図書館所蔵。

「士官生徒ハ下士官ヲ以テ之ニ充テラレンコヲ望ム」『内外兵事新聞』第四〇〇号、一八八三年四月一五日。

「将校志望者の払底」『太陽』一九二〇年四月一日号。

汐見三郎「所得分配統計を論じて森本博士に答ふ」『経済論叢』第一二巻第三号、一九二一年三月。

曽我祐準「郡村の教員に望む」『大日本教育会雑誌』第一七二号、一八九五年一二月。

（陸軍歩兵大尉）寺田幸五郎『最新詳解　帝国陸軍の内容』武芸社、一九一六年。

東京府立第七中学校調査部「中学生の職業希望調査」『中等教育』第八〇号、一九三五年一二月。

東京府社会課『東京市及近接町村中等階級住宅調査』一九二三年。

東京陸軍幼年学校『東京陸軍幼年学校生徒心得』一九二八年九月。

東京陸軍幼年学校『訓育提要』一九二七年、東幼会所蔵。

東京陸軍幼年学校『訓育提要』一九三一年、防衛研究所図書館所蔵。

『東京陸軍幼年学校生徒心得』一九二八年。

東京市統計課『東京市在職者生計調査』東京市役所、一九三二年。

上原勇作伝刊行会編『元帥　上原勇作伝（上）』一九三七年、偕行社所蔵。

宇都宮鼎・佐藤鋼次郎『国防上の社会問題』冬夏社、一九二〇年。

和田道『上級学校紹介及び受験対策』青雲堂書店、一九三六年。

渡辺幾治郎『基礎資料　皇軍建設史』照林堂、一九四四年。

『山口旅団長演説大意筆記』福島県内務部、一八九四年、国会図書館所蔵。

横須賀鎮守府編『精神教育参考書』横須賀水交支社、一九〇一年。

米田進『兵卒精神教程』武揚堂、一九〇五年。

吉田陣蔵『中学小学卒業生志望確立　学問之選定』保成堂、一九〇五年。

豊生『教官助教のため初年兵教育細部の着眼』成武堂、一九二六年。

(5) 刊行物（一九四五年以後）

Abrahamsson, B., "The Ideology of an Élite", in J. Van Doorn (ed.), *Armed Forces and Society*, The Hague, Mouton, 1968.

天野郁夫「専門学校教育の展開」『日本近代教育百年史』第五巻、国立教育研究所、一九七四年。

天野郁夫『旧制専門学校』日本経済新聞社、一九七八年。

天野郁夫『教育と選抜』第一法規、一九八二年。

天野郁夫『試験の社会史』東京大学出版会、一九八三年。

天野郁夫『高等教育の日本的構造』玉川大学出版部、一九八六年。

天野郁夫編『学歴主義の社会史』有信堂高文社、一九九一年。

天野郁夫『学歴の社会史』新潮社、一九九二年。

天野隆雄「戦時下における児童の将来への希望」『軍事史学』第一六巻第二号、一九八〇年九月。

アンダーソン、B.『想像の共同体』白石隆・白石さや訳、リブロポート、一九八七年。

新井勲『日本を震憾させた四日間』文芸春秋新社、一九四九年。

朝日新聞山形支局『聞き書き ある憲兵の記録』朝日新聞社、一九八五年。

浅野和生『大正デモクラシーと陸軍』慶応通信、一九九四年。

アジアの女たちの会他編『教科書に書かれなかった戦争 part 1』梨の木舎、一九八三年。

麻生誠「大学令と新大学制度」『日本近代教育百年史』第五巻、国立教育研究所、一九七四年。

Barnett, C., "The Education of Military Elites", *The Journal of Contemporary History*, Vol. 2, No. 3.

Bledstein, B. J., *The Culture of Professionalism*, W. W. Norton & Company, Inc., 1978.

ボットモア、T. B.『エリートと社会』綿貫譲治訳、岩波書店、一九六五年。

Byron, F., *For Queen and Country*, Allen Lane, London, 1981.

Canton, D., "Military Interventions in Argentina 1900–1966", in Van Doorn, J., (ed.), *Military Profession and Military Regimes*, The Hague, Mouton, 1969.

第二十九期生会『第二十九期生会誌』第二二号、一九七六年、偕行社所蔵。

ドーソン、R.他『政治的社会化』加藤秀治郎他訳、芦書房、一九八九年。

遠藤芳信「１９００年前後における陸軍下士制度改革と教育観」『教育学研究』第四三巻第一号、一九七六年。

遠藤芳信「軍隊教育はいかなる方法によってなされたか」『季刊平和教育』第五章、一九七七年。

遠藤芳信「士官候補生制度の形成と中学校観」『軍事史学』第一三巻第四号、一九七八年。

遠藤芳信『近代日本軍隊教育史研究』青木書店、一九九四年。

ファークツ、A.『ミリタリズムの歴史』望田幸男訳、福村出版、一九九四年。

Friedeburg, L. von, "Rearmament and Social Change", in J. Van Doorn (ed.), *Armed Forces and Society*, The Hague, Mouton, 1968.

藤井忠俊「教育のなかの国家と民衆」『季刊現代史』第八号、一九七六年。

藤井忠俊「民衆動員について考えたこと」『季刊現代史』第二号、一九七三年。

藤井徳行「明治時代における軍事エリート」『海外事情』一九七七年九月号。

藤田省三『天皇制国家の支配原理』未來社、一九六六年。

フジタニ・T「近代日本における群衆と天皇のページェント」『思想』第七九七号、一九九〇年一一月。

藤原彰「確立期における日本軍隊のモラル」『思想』第三七一号、一九五五年五月。

藤原彰「総力戦段階における日本軍隊の矛盾」『思想』第三九九号、一九五七年九月。

藤原彰『軍事史』東洋経済新報社、一九六一年。

藤原彰『天皇制と軍隊』青木書店、一九七八年。

深谷昌志『学歴主義の系譜』黎明書房、一九六九年。

福地重孝『軍国日本の形成』春秋社、一九五九年。

古川隆久「革新官僚の思想と行動」『史学雑誌』第九九編第四号、一九九〇年。

二見剛史「戦時体制下の大学予備教育」『日本近代教育百年史』第五巻、国立教育研究所、一九七四年。

グリーンスタイン、F.I.『政治的人間の心理と行動』曽良中清司他訳、勁草書房、一九七九年。

ゴッフマン、E.『出会い』佐藤・折橋訳、誠信書房、一九八五年。

ハンチントン、S.『軍人と国家（上）（下）』市川良一訳、原書房、一九七八、七九年。

Harries-Jenkins, G., and Moskos Jnr, C. C., "Armed Forces and Society", *Current Sociology*, Vol. 29, No. 3, 1981.

橋本鉱市・佐々木啓子「市役所職員層と教育」『近代化過程における遠隔教育の初期的形態に関する研究』放送教育開発センター研究報告第六七号、一九九四年。

土方和雄「「軍人精神」の論理」『思想』第四〇〇号、一九五七年一〇月。

広島平和教育研究所編『戦前の教育と私』朝日新聞社、一九七三年。

広田照幸「教育社会学における歴史的・社会的研究の反省と展望」『教育社会学研究』第四七集、一九九〇年。

広田照幸「明治維新、身分秩序と社会構造」園田英弘他『士族の歴史社会学的研究』名古屋大学出版会、一九九五年。

広幼会編『鯉城の稚桜　広島陸軍幼年学校史』一九七六年、広幼会。

比留間弘『陸軍士官学校よもやま物語』光人社、一九八三年。

堀尾輝久『天皇制国家と教育』青木書店、一九八七年。

井出嘉憲『日本官僚制と行政文化』東京大学出版会、一九八二年。

池田進「教育の建前と本音」池田進・本山幸彦『大正の教育』第一法規、一九七八年。

生田惇『日本陸軍史』教育社、一九八〇年。

飯塚浩二『日本の軍隊』東大協同組合出版部、一九五〇年。

今井清一・伊藤隆編『現代史資料(44) 国家総動員(二)』みすず書房、一九七四年。

今西英造『昭和陸軍派閥抗争史』伝統と現代社、一九七五年。

井上幾太郎伝刊行会『井上幾太郎伝』一九六六年、偕行社所蔵。

五百旗頭真「陸軍による政治支配」三宅正樹他編『昭和史の軍部と政治2 大陸侵攻と戦時体制』第一法規、一九八三年。

石田雄『日本の政治文化』東京大学出版会、一九七〇年。

石田雄『明治政治思想史研究』未來社、一九五四年。

石堂秀夫『明治秘史 不敬罪〝天皇ごっこ〟』三一書房、一九九〇年。

石戸谷哲夫『日本教員史研究』講談社、一九六七年。

石光真人編著『ある明治人の記録』中央公論社、一九七一年。

石光真清『城下の人』中央公論社、一九七八年。

伊藤博文編『秘書類纂一〇 兵政関係資料』原書房、一九七〇年。

伊藤昇『昭和の戦乱に終始した一将校の老廃までの歩み』一九七九年、偕行社所蔵。

岩倉渡辺大将顕彰会編『郷土の偉人 渡辺錠太郎』一九七七年、偕行社所蔵。

岩本務『「御真影」に殉じた教師たち』大月書店、一九八九年。

岩手県農村文化懇談会編『戦没農民兵士の手紙』岩波書店、一九六一年。

Janowitz, M., *The Professional Soldier*, Free Press, New York, 1960.

Janowitz, M., "Armed Forces and Society: A World Perspective", in J. Van Doorn (ed.), *Armed Forces and Society*, The Hague, Mouton, 1968.

ジャノビッツ、M.『新興国と軍部』張明雄訳、世界思想社、一九六八年。

上智大学史資料集編纂委員会編『上智大学史資料集』第三集、上智学院、一九八五年。

上法快男編『陸軍大学校』芙蓉書房出版、一九七三年。

門脇厚司「日本的「立身・出世」の意味変遷」門脇編『現代のエスプリ 118 立身出世』至文堂、一九七七年。

加賀美智子「日本「近代」の「家」と出世」『ソシオロジ』第一九巻第二号、一九七四年。

筧田知義『旧制高等学校教育の成立』ミネルヴァ書房、一九七五年。

加藤周一他『日本人の死生観(上)(下)』岩波書店、一九七七年。

神島二郎『近代日本の精神構造』岩波書店、一九六一年。

加茂雄三「ラテンアメリカの政軍関係――ペルーの場合を中心に」佐藤栄一編『政治と軍事』日本国際問題研究所、一九七八年。

河辺正三『日本陸軍精神教育史考』原書房、一九八〇年。

川上清康他編『九十四年の人生』一九七九年。

河野仁「近代日本における軍事エリートの選抜」『教育社会学研究』第四五集、一九八九年。

河野仁「大正・昭和期における陸海軍将校の出身階層と地位達成」『大阪大学教育社会学・教育計画論研究集録』第七号、一九八九年。

木戸日記研究会、日本近代史料研究会編『西浦進氏談話速記録(上)』一九六八年。

菊池城司「近代日本における中等教育機会」『教育社会学研究』第二二集、一九六七年。

キンモンス、E.H.『立身出世の社会史』広田照幸他訳、玉川大学出版部、一九九五年。

小玉亮子「「子どもの視点」による社会学は可能か」『岩波講座 現代社会学12 こどもと教育の社会学』岩波書店、一九九六年。

児玉隆也『君は天皇を見たか』潮出版社、一九七五年。

小松茂夫「「軍人精神」の形成過程」『思想』第三七一号、一九五五年五月。

小松茂夫「日本軍国主義と一般国民の意識（上）」『思想』第四一〇号、一九五八年八月。

小松茂夫「日本軍国主義と一般国民の意識（下）」『思想』第四一一号、一九五八年九月。

Kourvetaris, G. A. & B. A. Dobratz, "Social Recruitment and Political Orientations of the Officer Corps in a Comparative Perspective", in Kourvetaris, G. A. & B. A. Dobratz, (eds.), *World Perspectives in the Sociology of the Military*, Transaction Books, New Brunswick, 1977.

「講座 日本教育史」編集委員会編『講座 日本教育史5』第一法規、一九八四年。

久保義三編『天皇制と教育』三一書房、一九九一年。

熊谷光久「海軍兵学校教育が軍部外から受けた影響について」『軍事史学』第一五巻第三号、一九七九年。

熊谷光久『旧陸海軍将校の選抜と育成』防衛研修所研究資料80RO—12H、一九八〇年。

熊谷光久「日本陸海軍の精神教育」『軍事史学』第一六巻第三号、一九八〇年。

熊谷光久「旧陸海軍兵科将校の教育人事」『新防衛論集』第八巻第三号、一九八〇年。

熊谷光久「日本陸海軍と派閥」『政治経済史学』第一七二号、一九八〇年。

熊谷光久「大正の軍縮における兵員整理」『日本歴史』第四〇二号、一九八一年一一月。

熊谷直（光久）『軍学校・教育は死なず』光人社、一九八八年。

熊谷光久『日本軍の人的制度と問題点の研究』国書刊行会、一九九四年。

久野収・鶴見俊輔『現代日本の思想』岩波書店、一九五六年。

黒崎貞明『恋闕』日本工業新聞社、一九八〇年。

黒沢文貴「軍部の「大正デモクラシー」認識の一断面」近代外交史研究会編『変動期の日本外交と軍事』原書房、一九八七年。

前原透『日本陸軍用兵思想史』天狼書店、一九九四年。

丸山眞男『増補版　現代政治の思想と行動』未來社、一九六四年。

松村秀逸『三宅坂　軍閥は如何にして生れたか』東光書房、一九五二年。

松下芳男「皇族と日本軍制」『日本歴史』第一六八号、一九六二年六月。

松下芳男編『山紫に水清き　仙台陸軍幼年学校史』仙幼会、一九七三年。

松下芳男『日本軍閥の興亡』芙蓉書房、一九八四年。

松浦玲『続日本人にとって天皇とは何であったか』辺境社、一九七九年。

名幼会編『名幼校史』名幼会、一九七四年。

見田宗介『現代日本の心情と論理』筑摩書房、一九七一年。

三谷博「明治後半期における東京帝国大学と社会移動（上）」『東京大学史紀要』第一号、一九七八年。

三宅正樹「ドイツ第二帝制期の政軍関係」佐藤栄一編『政治と軍事』日本国際問題研究所、一九七八年。

望田幸男『軍服を着る市民たち』有斐閣、一九八三年。

モスカ、G.『支配する階級』志水速雄訳、ダイヤモンド社、一九七三年。

Moskos, C. C. Jr., *Public Opinion and the Military Establishment*, Sage Publications, Beverly Hills, 1971.

本山幸彦「明治国家の教育思想」池田進・本山幸彦編『大正の教育』第一法規、一九七八年。

向山忠夫『終戦処理校長の手記』教育出版センター、一九八四年。

村上兵衛『陸軍幼年学校よもやま物語』光人社、一九八四年。

長浜功『日本ファシズム教師論』大原新生社、一九八一年。

永井和「人員統計を通じてみた明治期日本陸軍(二)」『富山大学教養部紀要（人文・社会科学篇）』第一九巻第二号、一九八六年。

永井和『近代日本の軍部と政治』思文閣出版、一九九三年。

内閣記録局編『明治職官沿革表　別冊付録』原書房、一九七八年。

中村好寿『二十一世紀への軍隊と社会』時潮社、一九八四年。

中田みのる「中堅将校の危機意識と「桜会」の結成要因」『歴史評論』一九七二年三月号。

中内敏夫『軍国美談と教科書』岩波書店、一九八八年。

日本近代史料研究会編『日本陸海軍の制度・組織・人事』東京大学出版会、一九七一年。

西岡香織「建軍期陸軍士官速成に関する一考察」『軍事史学』第九七号、一九八九年。

野間宏「軍隊教育について」『思想』第三三二号、一九五一年四月。

額田坦『秘録　宇垣一成』芙蓉書房、一九七三年。

大江志乃夫「天皇と軍隊」『日本史研究』第二九五号、一九八七年三月。

大江志乃夫『兵士たちの日露戦争』朝日新聞社、一九八八年。

荻野末『ある教師の昭和史』一ツ橋書房、一九七〇年。

大濱徹也『天皇の軍隊』教育社、一九七八年。

岡部牧夫「日本ファシズムの社会構造」日本現代史研究会編『日本ファシズム（一）』大月書店、一九八一年。

大久保利謙「「忠節」という観念の成立過程」『日本歴史』第六五号、一九五三年一〇月。

奥田真丈・河野重男監修『現代学校教育大事典』第五巻、ぎょうせい、一九九三年。

小股憲明「天皇制をめぐる覚え書き」『人間関係論集』第一号、大阪女子大学、一九八四年。

大牟羅良「軍隊は官費の人生道場?!」大濱徹也編『近代民衆の記録8　兵士』新人物往来社、一九七八年。

大杉栄『自叙伝　日本脱出記』岩波書店、一九七一年。

大嶽秀夫『戦後政治と政治学』東京大学出版会、一九九四年。

大谷敬二郎『天皇の軍隊』図書出版社、一九七二年。

Otley, C.B., "Militarism and the Social Affiliations of the British Army Elite", in J. Van Doorn (ed.), *Armed Forces and Society*, The Hague, Mouton, 1968.

Otley, C.B., "The Educational Background of British Army Officers", *Sociology*, Vol. 7, No. 2, 1973.

尾崎ムゲン『日本資本主義の教育像』世界思想社、一九九一年。

パッシン、H.『日本近代化と教育』國弘正雄訳、サイマル出版会、一九八〇年。

ローデン、D.T.『友の憂いに吾は泣く(上)(下)』講談社、一九八三年。

Rose, L., *The Erosion of Childhood*, Routledge, London, 1991.

斎藤太郎「中等教育制度の形成」『日本近代教育百年史』第四巻、国立教育研究所、一九七四年。

斉藤利彦「軍学校への進学」『日本の教育史学』第三二集、一九八九年。

斉藤利彦「明治後期中学校における「生徒管理」の組織と運用」『文学部研究年報』第三九集、学習院大学、一九九二年。

斉藤利彦『競争と管理の学校史』東京大学出版会、一九九五年。

坂本悠一「皇族軍人の誕生」岩井忠熊編『近代日本社会と天皇制』柏書房、一九八八年。

桜井哲夫「挙国一致（ユニオン・サクレ）の構造」『思想』第六七三号、一九八〇年七月。

作田啓一「報恩の教義とその基盤」隅谷三喜男編『日本人の経済行動（下）』東洋経済新報社、一九六九年。

作田啓一『価値の社会学』岩波書店、一九七二年。

『三神峰』（仙台陸軍幼年学校四九期第一訓育班）偕行社所蔵。

佐藤秀夫「わが国小学校における祝日大祭日儀式の形成過程」『教育学研究』第三〇巻第三号、一九六三年。

佐藤秀夫「日本における中等教育の展開」吉田昇他編『中等教育原理』有斐閣、一九八〇年。

佐藤秀夫「近代日本の学校観再考」『教育学研究』第五八巻第三号、一九九一年九月。

佐藤徳太郎「軍人勅諭と命令服従」『軍事史学』第一一巻第一号、一九七五年。

『成城　創立八〇周年記念号』一九六六年。

『清流　陸士第四十三期生史』一九六〇年、偕行社所蔵。

『済々黌百年史』同編集委員会、一九八二年。

関口武彦「陸軍天保銭問題」『山形大学紀要』（社会科学）第一六巻第二号、一九八六年一月。

芝原拓自「近代天皇制論」『岩波講座　日本歴史15　近代2』岩波書店、一九七六年。

『仲来記』（熊幼第二七期生卒業五〇周年記念）偕行社所蔵。

Shibutani, T., "Reference Groups as Perspectives", *The American Journal of Sociology*, Vol. 60, 1955.

城丸章夫・永井博『スポーツの夜明け』新日本出版社、一九七三年。

昭和同人会編『わが国賃金構造の史的考察』至誠堂、一九六〇年。

鈴木健一「陸・海軍学校における国史教育」加藤章他編『講座・歴史教育 1・歴史教育の歴史』弘文堂、一九八二年。

創価学会婦人平和委員会編『かっぽう着の銃後』第三文明社、一九八七年。

園田英弘『西洋化の構造』思文閣、一九九三年。

園田英弘他『士族の歴史社会学的研究』名古屋大学出版会、一九九五年。

総理府恩給局編『恩給制度史』大蔵省印刷局、一九六四年。

総理府統計局監修『日本長期統計総覧』第四巻、日本統計協会、一九八八年。

田島淳「戦争体験と思想の変革」『思想』第四三〇号、一九六〇年四月。

高畠通敏『政治の発見』三一書房、一九八三年。

高橋正衛『昭和の軍閥』中央公論社、一九六九年。

高橋正衛編『現代史資料㉓ 国家主義運動㈢』みすず書房、一九七四年。

高橋正衛「軍隊教育への一考察」『思想』第六二四号、一九七六年六月。

高崎隆治「中国戦線での強姦が及ぼした思想的影響」『思想の科学』第六一号、一九八五年。

高崎隆治編『十五年戦争極秘資料集 第一集 大東亜戦争ニ伴フ我カ人的国力ノ検討』不二出版、一九八七年。

高柳光寿他編『角川日本史辞典』第二版、角川書店、一九七四年。

竹内洋『日本人の出世観』学文社、一九七八年。

竹内洋『競争の社会学』世界思想社、一九八一年。

竹内洋『選抜社会』リクルート出版、一九八八年。

田窪純子「高い俸給でゆとりのあった軍人将校の家計」中村隆英編『家計簿からみた近代日本生活史』東京大学出版会、一九九三年。

田崎英明「従順な身体の行方」『インパクション』第七二号、一九九〇年一一月。

寺崎昌男「日本における近代学校体系の整備と青年の進路」『教育学研究』第四四巻第二号、一九七七年。

寺崎昌男他編『総力戦体制と教育』東京大学出版会、一九八七年。

戸田金一『昭和戦争期の国民学校』吉川弘文館、一九九三年。

外山操編『陸海軍将官人事総覧（陸軍篇）』芙蓉書房、一九八一年。

東幼史編集委員会編『東京陸軍幼年学校史　わが武寮』東幼会、一九八二年。

鶴見和子「極東国際軍事裁判」『思想』第五三〇号、一九八六年八月。

鶴見俊輔『転向研究』筑摩書房、一九七六年。

鶴見俊輔『戦時期日本の精神史』岩波書店、一九八二年。

筒井清忠『昭和期日本の構造』有斐閣、一九八四年。

上原憲一「軍人教育機関」『歴史公論』第七八号、一九八二年。

植野徳太郎『自叙伝』一九六六年、偕行社所蔵。

上野英信『天皇陛下萬歳――爆弾三勇士序説』筑摩書房、一九七一年。

梅溪昇『明治前期政治史の研究』未來社、一九六三年。

宇都宮憲兵隊長持永浅治「服務資料綴」『続・現代史資料(6)　軍事警察』みすず書房、一九八二年。

Van Doorn, J., "The Officer Corps", *The Europian Journal of Sociology*, Vol. 6, 1965.

山田雄三『日本国民所得推計資料』東洋経済新報社、一九五一年。

山口県立萩高等学校『学統を受けついで——萩高100年のあゆみ』一九七〇年。

山本明「教養と生きがい」伊東俊太郎他編『講座・比較文化　第四巻　日本人の生活』研究社出版、一九七六年。

山本信良・今野敏彦『近代教育の天皇制イデオロギー』新泉社、一九七三年。

山本信良・今野敏彦『大正・昭和教育の天皇制イデオロギー　Ⅰ・Ⅱ』新泉社、一九七六・七七年。

山本七平『私の中の日本軍（上）』文藝春秋、一九八三年。

山本徹『田舎教師のひとりごと』静岡教育出版社、一九八八年。

山室信一『キメラ——満洲国の肖像』中央公論社、一九九三年。

山中峯太郎『陸軍反逆児』小原書房、一九五四年。

山崎正男「陸軍将校養成制度の変遷と陸軍士官学校の教育」『別冊1億人の昭和史　陸士・陸幼』毎日新聞社、一九八一年。

山崎正男編『陸軍士官学校』秋元書房、一九六九年。

安田三郎『社会移動の研究』東京大学出版会、一九七一年。

安田常雄『日本ファシズムと民衆運動』れんが書房新社、一九七九年。

安丸良夫『近代天皇像の形成』岩波書店、一九九二年。

米田俊彦『近代日本中学校制度の確立』東京大学出版会、一九九二年。

吉見義明『草の根のファシズム』東京大学出版会、一九八七年。
座談会「侵略と兵士」『季刊現代史』第四号、一九七四年。

あとがき

本書は、「近代日本における陸軍将校の教育社会史的研究――立身出世と天皇制教育――」という題で、一九九五年三月に東京大学大学院教育学研究科に提出し、同年一二月に博士（教育学）の学位を交付された博士論文である。ただし、刊行に際して若干加筆・修正をした。なお、次のようにいくつかの章はすでに発表済みであるが、原形をとどめないほどばらばらにしたり、大幅に加筆している場合もある。

「近代日本における職業軍人の精神形成――大正・昭和初期の陸士・陸幼教育について――」（『東京大学教育学部紀要』第二五巻、一九八六年――第Ⅱ部第一・二・四章、第Ⅲ部第一章の各一部分）

「陸士・陸幼教育とエリート意識」（『月刊高校教育』学事出版、一九八七年一月号――第Ⅱ部第三章の一部分）

「近代日本における陸軍将校のリクルート――階層的特徴をめぐって――」（『教育社会

学研究』第四二集、一九八七年――第Ⅰ部第一・四章の各一部分）
「進路としての軍人――陸軍士官学校の受験を中心に――」（『アカデミア』人文・社会科学編、第五〇号、一九八九年――第Ⅰ部第三章）
「戦時期庶民の心情と論理――昭和戦時体制の担い手の分析」（筒井清忠編『「近代日本」の歴史社会学』木鐸社、一九九〇年――第Ⅲ部第二章）
「明治期陸軍における下士制度と将校への選抜」（『アカデミア』人文・社会科学編、第六〇号、一九九四年――第Ⅰ部第二章）
「〈天皇制と教育〉再考――「内面化」図式を越えて――」（森田尚人他編『教育学年報4 個性という幻想』世織書房、一九九五年――序論、結論の各一部分）

本書をまとめるまでの経緯を簡単に書いておきたい。

もともと私の問題関心は、人々が自明視している世界観を社会学的に分析したいということであった。教育社会学の大学院に進学したばかりの頃の私は、学部生の時に環境問題の市民運動に熱心に関わっていたせいもあって、具体的な研究対象として、現代社会における科学技術信仰の問題を考えたいと思っていた。ところが、教育社会学者が手がけているマートン流の科学社会学は、私のこうした問題意識には答えてくれなかった。クーンやファイヤアーベントら科学史家の著作は面白かったが、私の切迫した問題意識からすると、やや迂遠なトピックを扱ったものでしかなかった。私は何をすれば自分の問題意識にもっともフィットした研究ができるのかよくわからず、うろうろと研究課題をさがしていた。

研究課題の決定に悩んでいたそのころ、中山茂先生のゼミに出席していて、たまたま陸軍についてレポートをする機会があった。陸軍の教育について調べ始めて、「これは面白い研究対象だ」と思った。陸軍将校を対象に研究していけば、それを手掛りに、「イデオロギーの内面化＝世界観の形成」という一般的な問題に迫っていけるのではないだろうか——。そこで、陸軍将校のイデオロギー教育について修士課程一年の夏休みに本格的に取り組み始めたのが、本書の出発点であった。

とりあえず、〈天皇制と教育〉の問題を扱った教育史の文献を手当たり次第に読み始めた。しかし、教育のプロセスや教育された者の意識について納得のいく論理で説明してくれるものは見つからなかった。また、軍事史や政治史のような分野で陸軍将校について書かれた研究も読んでいったが、彼らの日常意識や世界観について本格的に議論したものはほとんどなかった。自分でデータを集めて考察していくことを決意して、その後はいろんな人の助けを借りながら研究が少しずつ進んでいった。

私が研究の最初に設定した問いは、「陸軍将校はどのようにして「滅私奉公」の信念を教え込まれ、それを内面化していったのか」というものであった。そこで私が想定していた歴史のイメージは、本書で批判してきた「内面化」図式が描く歴史像そのものであった。

しかしながら、本書をお読みいただいたらおわかりのように、研究を進めていく中で、そうしたイメージは誤りではないか、と考えるようになった。いろいろなデータや聞き取り等が教えてくれたのは、人間というものはもっとしたたかだし、もっと微妙なものだということであった。将校生徒の作文や日記を読んで、私が当時生きてそこにいたら、私自身もそのように書いていたかもしれない、ともよく思った。

ではいったい彼らはどんな人たちだったのか、彼らをとりまく社会状況はいかなるものだったのか——教育のプロセスだけでなく、出身背景や召募制度の問題や、生活水準や生活意識の問題も考察していかねばならないことに気がついた。陸軍将校に限らないで、一般兵卒や戦時体制の他の種類の担い手たちについても検討していく必要を感じるようになった。こうしたさまざまな問題を考えていくためには、自分が身を置いている教育社会学という分野からはみだして、教育史・軍事史をはじめ経済史・政治史や思想史等にも勉強の範囲を広げなければならなかったが、それは戦前期の人々の意識や行動を「教育」というう狭いフィルターのみを通して語ることの不十分さを実感させられるよい経験になった。

試行錯誤しながら研究していく中で、結果的に、陸軍将校についての勉強を始めたころの私自身がもっていたイメージとはまったく異なる陸軍将校像・歴史像を、データをもとに組み立てていくことになった。自分の研究によって自分が最初に抱いていたイメージをこわすというエキサイティングな体験をすることになったのである。

本書の出発点になる修士論文（「陸軍将校の意識形成——大正・昭和初期の陸士・陸幼教育——」）は一九八五年にまとめたのだが、そこでは重要な課題がいくつも「宿題」として残ったために、納得のいくものにするまでには、その後一〇年の歳月が必要だった。「世界観の形成」という、もともとの問題関心は、本書だけでなく、別のテーマを研究する時も常に持ち続けてきた。考えたいことや考えるべきことはまだ山ほど残っているが、最初に持っていた自分自身の問題意識に答えるという目的はとりあえず果たすことができたような気がする。十数年こだわってきた研究がようやく一段落して、今はほっとしている。

思いおこせば、研究の途上で、実に多くの人にお世話になった。学部学生の時から現在まで常に親身に指導してきて下さった天野郁夫先生に真っ先にお礼を申し上げたい。それから、テーマを立てるきっかけを与えて下さった中山茂先生、いつも暖かく励ましていただいた園田英弘、竹内洋、石黒毅の諸先生方、軍隊教育研究の先達として拙稿を熟読して詳細なコメントを寄せて下さった遠藤芳信先生には心よりお礼を申し上げたい。お名前は挙げないけれども、もちろんこのほかにも数多くの先生方のおかげで研究をまとめることができた。

また、聞き取り調査に応じて下さった方々はもちろんのこと、史料収集に際してお世話になった方々、特に偕行社の福島角次氏、東幼会の木下秀明先生、南山大学図書館の方々には深く感謝している。森重雄、濱名篤、吉田文、苅谷剛彦その他の大学院の先輩方にもいろいろとお力添えをいただいた。特に私が修士課程一年の時の森さんからいただいたアドバイスは忘れられない。

貴重な文献を快くお貸し下さった河野仁氏、研究が行き詰まっている時にさまざまな形で助けてくれた高木浩、林崎健一、八木原周平、高他毅、久島篤の友人諸氏、また、本書のもとになる博士論文執筆中にいろいろと気づかって下さった南山大学文学部教育学科の同僚の方々にもお礼を申し上げたい。

本書の刊行に際しては、世織書房の伊藤晶宣氏にお世話になった。大部のものにもかかわらず快く出版を引き受けて下さり感謝の念に堪えない。

最後に、私が研究に忙しくしてきたために我が家のことをすべて引き受けてきてくれている妻、淳子に本書を捧げたい。

一九九六年七月二〇日

広田照幸

解説

松田宏一郎

一

体系化されたカリキュラムに基づく知識教育と一定の実地訓練をこなさなければ就くことのできない職業を、一般に専門職（プロフェッション。その職能団体を指すこともある）と呼ぶ。だいたいは法制度や同業者による認証制度でそうなっているが、すぐに思い浮かぶのは医師や法律家である。そして、軍の将校も典型的な専門職である。専門職としての将校の登場は近代化の重要な指標の一つと見なされ、一九九〇年頃までには、アメリカやヨーロッパで、将校教育のシステムや当事者の社会的役割・立場の自己認識について、社会学・歴史学などの分野で相当の研究蓄積ができていた。これに対し日本では、歴史社会学的分析対象として深いレベルで専門職としての将校を検討した業績と呼べるものは、広田さん（同世代であり、また親しみと敬意を込めてこう呼ばせていただく）の本書が登場するまではほとんどなかった。麻生誠・潮木守一・天野郁夫らの教育社会学者によって、明治以降の日本の高等教育制度やそこで教育を受けた人々の意識などの研究の蓄積がなされてきてはいたが、職業軍人に焦点を絞った研究はあまり進んでいなかった。将校や兵士の証言をまとめたり、経験に基づく観察とその考察を紹介・論評したものはそれなりにあったとはいえ、学問世界で忌避感があったのであろう。軍国主義の暴走が日本社会を壊滅させかかった第二次世界大戦の記憶のため、冷静な学問的観察が難しかったのかもしれない。

『陸軍将校の教育社会史』は、一九九七年に出版された当時、広田さんの狭義の専門領域である教育社会学のみならず、広く歴史学、社会学、政治思想などの分野で注目を集め、高い評価を得た。そして現在でも近代日本のエリート形成、国家イデオロギーと教育、軍隊と社会の関係などを考察するにあたって必読書であり続けている。今回、文庫の形で新しい読者の眼に触れる機会が増えることは大変意義がある。

二

広田さんは、現在の教育政策への提言、戦後の教育言説（たとえば「しつけ」とか「教育改革」とか）の丁寧なデータ分析を伴う検証でもよく知られており、一般の読者にはそちらの方になじみがあるかもしれない。より専門的な研究でも、少年院教育の調査分析や、内部資料や貴重なインタビューをふまえた日教組の歴史などで、重要な成果を挙げ続けている。徹底的に調査をし、海外の最新の研究成果にも目配りし、発信を怠らない、常に最前線にいる研究者である。若手を組み込んだチームによる調査や研究成果の発表も多く、次の世代の研究者の育成に意識的に配慮している。その意味で教育者としても最前線にいる。

政治思想研究をしている筆者が広田さんと知り合ったのは、一九九〇年代の初めであった。その頃広田さんは、本書にまとめられたテーマと並行して、徳川時代に世襲であった武士階級が、どうやって明治以降に官吏・軍人・警官・教師など近代国家が必要とする職業の担い手になっていったのかを、丹波篠山の士族の史料調査を踏まえて研究していた。筆者は幕末の政治思想が西洋の異質な思想に触れ変化していく過程を研究していたため、広田さんの論文に興味を持っていたところ、たまたま共同研究で一緒になる機会があった。広田さんからは、研究テーマに関する具体的な知見はもちろんのこと、より広く近代国家の人材教育や選抜・昇進システムに関する社会学的分析の動向や必読文献についても教わった。その頃から武士の近代型プロフェッションへの転換研究と将校教育への関心とは広田さんの中でつながっていたと思われる。

広田さんの問いの基礎にあるのは、教育という事象の一般的な捉え方そのものに対する深く大きな懐疑である。現在でも、教師が教科書とカリキュラムに沿って教え、生徒・学生の側では教えられたことが「内面化」され、それが行動を生み出すといった一連のプロセスとして教育が語られることは多い。ところが、近代国家が国民に要求する価値・態度を「内面化」するプロセスとして教育に期待すると、思ったほど成果はあがっていない。具体的な事例を分析すると、むしろ現場の教師や教育を受ける生徒の「したたかさ」や「微妙」な態度こそが、教育の結果出来上がった人々の政治的・社会的態度や行動を決定している。そのことがはっきりと現れるのが、国家の意図、教育の目的、実際に任務についたときの行動について、一定のまとまりをもった記録があり、またデータ化に向いている軍人教育である。

三

西洋型の士官教育の導入は、幕末の徳川家によって萌芽的に試みられたものの、その本格的推進は明治政府によってなされた。学力試験による序列化と卒業成績によってその後の昇進が決まる仕組み（メリトクラシー）は、着実に機能し始めたように思われた。当初、明治期の士官希望者には旧武士階級出身者が多かったが、旧体制の武士的な態度とコネクションが執拗に持続していたのかというと、そうでもない。将校の士族出身者の割合は早くも明治二〇年代には減少に向かった。また、同時期の西洋の軍人と比較すると、もともと日本の武士階級には貴族主義的カルチャーが希薄であった。ということは、明治になって武士の世襲制が廃止されると、出自にかかわらず能力さえあれば成功する可能性が高そうであり、当初はそれに期待する傾向も強かった。西洋との比較で類型的に言えば、中産階級を出自とする専門職の地位が高まってくる雰囲気に近い。

ところが、本書で具体的な事例とデータ分析によって明らかにされるように、「立身出世」ルートとしての士官学校の魅力は、他の高等教育ルートが整うにつれ意外と早く相対的に低下した。しかも大正期から、武官の子弟が陸軍幼年学校に占める比率が高まって二世化現象が見られ、必ずしも若者一般の上昇意欲に応えることができなくなった。ポストが無限にあるわけではないため、昇進競争は厳しくなり、退役後の生活不安という問題は隠されていた。上に厚く若手に薄い俸給システム、退職が早く再就職口が少ないという事情を改善することは難しかった。また、第一次大戦後の軍縮と軍の機械化は職業軍人の待遇改善と背反する潮流だった。将校への道が再び人気を取り戻すのは、一九三〇年代以降の対外侵攻の活発化と戦時体制の展開に伴ってである。満州事変後局面が変わり、将校の人気は急上昇する。ただしその人気にも地域的偏りがあり、また富裕層は依然として士官学校より高校の方が好ましいと考えていた。ここから軍人と文官エリートでは、社会集団としての性格やカルチャーの分化が進行していった。

将校の地位の、教育・選抜プロセスを切り抜けて勝ち取る「立身出世」としての魅力の低下は、教育現場における「精神教育」の強化という逆説的な傾向を生み出した。本書で鋭く指摘されるように、軍人教育の精神主義は軍国主義イデオロギーが社会的に強まったことを反映したのではなく、むしろ軍人の地位があまり評価されないという焦燥感からきていた。焦りはあるがヴィジョンがはっきりしていないため、「軍人勅諭」教育は内容の理解ではなく「坊主の読経」と化し、「軍人精神訓」は軍人の役割を明確にするのではなく、情緒的共感を狙うエピソードの羅列となる。将来の昇進は卒業成績にかかっており、その序列化が必須なので、教師は成績をつけなければならない。「勅諭」のテストがあるが、最も評価される答案は綿密な思考や分析の成果ではなく、当たり障りのない語句の抜き書きとなる。あまり考えた答案は点数が下がる。興味深いことに、どれだけ天皇と国家への献身が説かれても、自己の栄達は否定されない。これをはずしたらこの教育の魅力はなくなるからである。陸軍士官学校予科の「倫理」科目の狙いに「批判力を養う」ことさえも説かれているが、これは自己の思考プロセスを反省する能力という意味の「批判」ではなく、軍に都合の悪い考え方や態度を嗅ぎ分ける能力を指す。現代の学校教育で道徳の教科化を賞賛する人たちは、これを理想の教育と考えるのであろう。

生徒の「自覚」・「自治」も当時のキーワードである。これは個人の自己規律ではなく、年次序列による集団的自主管理を促す言葉である。戦前の日本では（もしかすると現在でも？）、中央政府が強権をもって命令するのではなく、地域や職業集団単位で「自発的に」同調を強制し相互に監視するシステムがうまく働くことを「自治」と呼び、それが皮肉なことに政策となって国家予算がつくのは、おかしいことではなかった。士官学校にもその応用ケースがあったわけである。「自治」のかけ声の下に、規則遵守を強化するための自発的討論と相互監視・制裁が運用された。当事者からするとそれ以外にセルフ・ガバメントのやり方などあるのか、という感覚だったであろう。フーコーが知っていたら喜びそうな事例である。旧日本軍の教育こそが最も成功した「近代」であると。

卒業し将校となったら、今度は一般兵卒に対する教育者ともならなければならない。エピソードを用いた訓話による情緒的な教育から始めて、天皇制イデオロギーの世界観による指導ができるように、教える側も自己修養することが求められる。教育者としての成果は、受け手である兵士の日記を点検することで確認される。もちろん兵士は精神教育が十分に自己の内面に定着したかのように見せるため定型的な日記を書く。結局、精神の内部を本当にのぞくことはできず、常に疑わしいので、日常的な挙動のチェックや身体訓練の強化で精神教育の成果を確認せざるを得ない。教育方法が画一化すると兵士の反応も画一化するので、「個性に適応」した教育という文言すら一九二七年の「軍隊教育令」には登場する。これは実際には兵士の身上調査書の項目を細かくすることを意味していた。やはり精神教育がうまくいっていないという不安がのしかかっていたからである。この不安は、上層部が立てる方針と実際の教育・訓練現場との摩擦という、おなじみの矛盾や機能不全によって一層駆り立てられる。現代の通達・作文行政と同じである。

一九三〇年代以降の戦時体制の強化は、職業軍人にとどまらず、体制の要求する「精神」を社会的上昇の足がかりにしようとする新しい期待とそれに見合った態度を生み出した。憲兵、一般兵士、在満支邦人、教師などの具体例を紹介しつつ、その様相が明らかにされる。たとえば「師範タイプ」教師の「誠心誠意」のメンタリティの分析は鮮やかである。「自分一身のことを考へず、公のためにすべてを捧げて暮らす」生活態度を心がけるという回答が師範学校卒には非常に多い（『昭和十五年度壮丁思想調査』）。しかし、戦後のインタビューなどで明らかになるように、教師自身はそのイデオロギーを内面化していない。自分が信じていない価値を「誠心誠意」教えるのがその職業倫理であり、「認められたい」という欲求とそれがセットになっていた（本書第Ⅲ部第二章）。

四

広田さんは本書によって、近代日本の将校教育が、国家イデオロギーの注入による「滅私奉公」の内面化などではなく、与えられたシステムの中での上昇機会を探る若者の生存戦略と、それに頼らざるを得ない軍組織の相互依存（「活私奉公」）であったこと、つまり自己利益の極大化とシステムの維持の共存として理解する視点を提示した。戦時期の精神状態を、心情的な国家への忠誠の暴走とみなすロマンティックな理解は、戦後、後知恵的に構築されたものである。

これらの指摘は、政治思想史の研究をしている筆者にとって、非常に刺激的であると同時に大変納得させられるものである。筆者のように知識人の文章を主として研究していると、思想らしきものが人々を説得していくプロセスを当然のように考えてしまう傾向があるが、言説が人々に働きかける現場は、ほとんどシステムと個人との生存戦略の不安定なもたれ合いである。広田さんは、印象論のもっともらしい開陳や断片的証言のつぎはぎをせず、可能な限り量的なデータと証言とを突き合わせて仮説を検証する、社会学者として正しい手続きを必ずとるので、その主張の信頼性は確保されている。そのためこちらとしては安心して、本書が示す事例と分析を基礎として、近代組織におけるエリート教育とは何かを深く考えることができる。

本書のような成果が新しい読者を獲得して、さらに次の世代にその方法論が継承されていくことが望ましい。ところが広田さんは、「教育の歴史社会学」が行き詰まりの徴候を見せているのではないかと懸念を示したことがある（「教育の歴史社会学――その展開と課題」『社会科学研究』五七、二〇〇六年）。若手の研究者が「大きな問い」を立てることを忌避しているのではないかという心配である。これは、教育社会学だけではなく、歴史研究を柱とする分野では共通の問題である。そしてこの現象自体が、広田さんが本書で明らかにした、システムと生存戦略のもたれあいと同型に見える。つまり現代日本の学問がかつての士官教育のようなものに変質しているのかもしれない。

教育は知を開くためにあることが理念的には期待される。しかしそれが固く閉じていく方向に制度化され運用されるとどうなるか、その症例が日本軍の将校教育には顕著に示されている。現代日本の学校教育や高度な専門家養成がこの執拗に作用する閉止傾向から逃れられていないことは、本書の随所で大方の読者が否応なしに気づかされることであろう。広田さんの問いかけは、研究者だけの特殊な関心にのみ向けられているのではなく、広く教育の将来を考える人々への問いかけである。

近代日本の専門職は、国家が与えるミッションを遂行することが存在理由だった。将校教育はその理念を最も率直に制度化したものである。しかし本書を手に取る読者は、専門職が奉仕すべき人々・利益・理念が、あらかじめ国家から定義され限定されているものだけとは限らなくなった現代の複雑な状況の中で、専門職の役割について考えなければならない。医療・法律は当然のこと、軍事活動すらも特定の国の枠を超えた利益や価値と無関係ではない。そのような状況だからこそ、国家に奉仕する者を「内面」から鍛え上げようとする将校教育が、その中で生きた人々に実際どのように経験され、どのような効果と失敗を生んだのかを冷静に理解する必要がある。

本書は、一九九七年に世織書房より刊行された。
文庫化にあたり、上下巻とした。

物語による日本の歴史　石母田正／武者小路穣
古事記から平家物語まで代表的古典文学を通して、国生みからはじまる日本の歴史を子ども向けにやさしく語り直す。網野善彦編集の名著。（中沢新一）

増補 学校と工場　猪木武徳
経済発展に必要とされる知識と技能は、どこで、どのように修得されたのか。学校、会社、軍隊など、人的資源の形成と配分のシステムを探る日本近代史。

居酒屋の誕生　飯野亮一
寛延年間の江戸に誕生しすぐに大発展を遂げた居酒屋。しかしなぜ他の都市ではなく江戸だったのか。一次資料を丹念にひもとき、その誕生の謎にせまる。

すし 天ぷら 蕎麦 うなぎ　飯野亮一
二八蕎麦の二八とは？　握りずしの元祖は？　なぜうなぎに山椒？　膨大な一次史料を渉猟しそんな疑問を徹底解明。これを読まずに食文化は語れない！

天丼 かつ丼 牛丼 うな丼 親子丼　飯野亮一
身分制の廃止で作ることが可能になった親子丼、関東大震災が広めた牛丼等々、どんぶり物二百年の歴史をさかのぼり、驚きの誕生ドラマをひもとく！

増補 アジア主義を問いなおす　井上寿一
侵略を正当化するレトリックか、それとも真の共存共栄をめざした理想か。アジア主義を外交史的観点から再考し、その今日的意義を問う。増補決定版。

十五年戦争小史　江口圭一
満州事変、日中戦争、アジア太平洋戦争を一連の「十五年戦争」と捉え、戦争拡大に向かう曲折にみちた過程を克明に描いた画期的通史。（加藤陽子）

たべもの起源事典 日本編　岡田哲
駅蕎麦・豚カツにやや珍しい郷土料理、レトルト食品・デパート食堂まで。広義の〈和〉のたべものと食文化事象一三〇〇項目収録。小腹のすく事典！

ラーメンの誕生　岡田哲
中国のめんは、いかにして「中華風の和食めん料理」へと発達を遂げたか。外来文化を吸収する日本人の情熱と知恵。丼の中の壮大なドラマに迫る。

山岡鉄舟先生正伝 小倉鉄樹／石津寛／牛山栄治

鉄舟から直接聞いたこと、同時代人として見聞きしたことを弟子がまとめた正伝。江戸無血開城の舞台裏など、リアルな幕末史が描かれる。（岩下哲典）

士（サムライ）の思想 笠谷和比古

中世に発する武家社会の展開とともに形成された日本型組織。「家（イエ）」を核にした組織特性と派生する諸問題について、日本近世史家が鋭く迫る。

戦国乱世を生きる力 神田千里

土一揆から宗教、天下人の在り方まで、この時代の現象はすべて民衆の姿と切り離せない。「乱世の真の主役としての民衆」に焦点をあてた戦国時代史。

三八式歩兵銃 加登川幸太郎

旅順の堅塁を白襷隊が突撃した時、特攻兵が敵艦に突入した時、日本陸軍は何をしたのであったか。元陸軍将校による渾身の興亡全史。（一ノ瀬俊也）

わたしの城下町 木下直之

攻防の要である城は、明治以降、新たな価値を担い、日本人の心の拠り所として生き延びる。城と城のようなものを歩く著者の主著、ついに文庫に！

東京の下層社会 紀田順一郎

性急な近代化の陰で生みだされた都市の下層民。落伍者として捨て去られた彼らの実態に迫り、日本人の人間観の歪みを焙りだす。（長山靖生）

土方歳三日記（上） 菊地明編著

幕末を疾走したその生涯を、綿密な考証で明らかに。上巻は元治元年まで。新選組結成、芹沢鴨斬殺、池田屋事件……時代はいよいよ風雲急を告げる。

土方歳三日記（下） 菊地明編著

鳥羽伏見の戦に敗れ東走する新選組。近藤亡き後、敗軍の将・土方は会津、そして北海道へ。下巻は慶応元年から明治二年、函館で戦死するまでを追う。

独立自尊 北岡伸一

国家の発展に必要なものとは何か——。福沢諭吉は生涯をかけてこの課題に挑んだ。今こそ振り返るべき思想を明らかにした画期的福沢伝。（細谷雄一）

賤民とは何か　喜田貞吉

非人、河原者、乞胸、奴婢、声聞師……。差別と被差別の根源的構造を歴史的に考察する賤民研究の決定版。『賤民概説』他六篇収録。（塩見鮮一郎）

増補 絵画史料で歴史を読む　黒田日出男

歴史学は文献研究だけではない。絵巻・曼荼羅・肖像画など過去の絵画を史料として読み解き、斬新な手法で日本史を掘り下げた一冊。（三浦篤）

滞日十年（上）　ジョセフ・C・グルー　石川欣一訳

日米開戦にいたるまでの激動の十年、どのような外交交渉が行われたのか。駐日アメリカ大使による貴重な記録。上巻は１９３２年から１９３９年まで。

滞日十年（下）　ジョセフ・C・グルー　石川欣一訳

知日派の駐日大使グルーは日米開戦の回避に奔走。下巻は、ついに日米が戦端を開き、１９４２年、戦時交換船で帰国するまでの迫真の記録。（保阪正康）

東京裁判　幻の弁護側資料　小堀桂一郎編

我々は東京裁判の真実を知っているのか？　準備されたものの未提出に終わった膨大な裁判資料から18篇を精選。緻密な解説とともに裁判の虚構に迫る。

一揆の原理　呉座勇一

虐げられた民衆たちの決死の抵抗として語られてきた一揆。だがそれは戦後歴史学が生んだ幻想にすぎない。これまでの通俗的理解を覆す痛快な一揆論！

甲陽軍鑑　佐藤正英校訂・訳

武田信玄と甲州武士団の思想と行動の集大成。大部から、山本勘助の物語や川中島の合戦など、その白眉を収録。新校訂の原文に現代語訳を付す。

機関銃下の首相官邸　迫水久常

二・二六事件では叛乱軍を欺いて岡田首相を救出し、終戦時には鈴木首相を支えた著者が明かす、天皇・軍部・内閣をめぐる迫真の秘話記録。（井上寿一）

増補 八月十五日の神話　佐藤卓己

ポツダム宣言を受諾した「八月十四日」や降伏文書に調印した「九月二日」でなく、「終戦」はなぜ「八月十五日」なのか。「戦後」の起点の謎を解く。

考古学と古代史のあいだ　白石太一郎

巨大古墳、倭国、卑弥呼。多くの謎につつまれた日本の古代。考古学と古代史学の交差する視点からその謎を解明するスリリングな論考。（森下章司）

江戸はこうして造られた　鈴木理生

家康江戸入り後の百年間は謎に包まれている。海岸部へ進出し、河川や自然地形をたくみに生かした都市の草創期を復原する。（野口武彦）

増補 革命的な、あまりに革命的な　絓秀実

「一九六八年の革命は「勝利」し続けている」とは何を意味するのか。ニューレフトの諸潮流を丹念に跡づけた批評家の主著、増補文庫化！（王寺賢太）

考古学はどんな学問か　鈴木公雄

物的証拠から過去の行為を復元する考古学は時に歴史的通説をも覆す。犯罪捜査さながらにスリリングな学問の魅力を味わう最高の入門書。（櫻井準也）

戦国の城を歩く　千田嘉博

室町時代の館から戦国の山城へ、そして信長の安土城へ。城跡を歩いて、その形の変化を読み、新しい中世の歴史像に迫る。（小島道裕）

性愛の日本中世　田中貴子

稚児を愛した僧侶、「愛法」を求めて稲荷山にもうでる貴族の姫君。中世の性愛信仰・説話を介して、日本のエロスの歴史を覗く。（川村邦光）

琉球の時代　高良倉吉

いまだ多くの謎に包まれた古琉球王国。成立の秘密や、壮大な交易ルートにより花開いた独特の文化を探り、悲劇と栄光の歴史ドラマに迫る。（与那原恵）

博徒の幕末維新　高橋敏

黒船来航の動乱期、アウトローたちが歴史の表舞台に躍り出てくる。虚実を腑分けし、稗史を歴史の中に位置付けなおした記念碑的労作。（鹿島茂）

朝鮮銀行　多田井喜生

植民地政策のもと設立された朝鮮銀行。その銀行券等の発行により、日本は内地経済破綻を防ぎつつ軍費調達ができた。隠れた実態を描く。（板谷敏彦）

近代日本とアジア　坂野潤治

近代日本外交は、脱亜論とアジア主義の対立構図により描かれてきた。そうした理解が虚像であることを精緻な史料読解で暴いた記念碑的論考。（苅部直）

増補　モスクが語るイスラム史　羽田正

モスクの変容――そこには宗教、政治、経済、美術、人々の生活をはじめ、イスラム世界の全歴史が刻み込まれている。その軌跡を色鮮やかに描き出す。

日本大空襲　原田良次

帝都防衛を担った兵士がひそかに綴った日記。各地の空爆被害、斃れゆく戦友への思い、そして国への疑念……空襲の実像を示す第一級資料。（吉田裕）

餓死（うえじに）した英霊たち　藤原彰

第二次大戦で死没した日本兵の大半は飢餓や栄養失調によるものだった。彼らのあまりに悲惨な最期を詳述し、その責任を問う告発の書。（一ノ瀬俊也）

城と隠物の戦国誌　藤木久志

村に戦争がくる！　そのとき村人たちはどのような対策をとっていたか。命と財産を守るため知恵を結集した戦国時代のサバイバル術に迫る。（千田嘉博）

裏社会の日本史　フィリップ・ポンス　安永愛訳

中世における賤民から現代社会の経済的弱者まで、また江戸の博徒や義賊から近代以降のやくざまで――フランス知識人が描いた貧困と犯罪の裏日本史。

古代の朱　松田壽男

古代の赤色顔料、丹砂。地名から産地を探ると同時に古代史が浮き彫りにされる。標題論考に、「即身佛の秘密」、自叙伝「学問と私」を併録。

横井小楠　松浦玲

欧米近代の外圧に対して、儒学的理想である仁政を基に、内外の政治的状況を考察し、政策を立案し遂行しようとした幕末最大の思想家を描いた名著。

古代の鉄と神々　真弓常忠

弥生時代の稲作にはすでに鉄が使われていた！　原型を遺さないその鉄文化の痕跡を神話・祭祀に求め、古代史の謎を解き明かす。（上垣外憲一）

ちくま学芸文庫

陸軍将校の教育社会史（下）
立身出世と天皇制

二〇二一年七月十日　第一刷発行

著者　広田照幸（ひろた・てるゆき）
発行者　喜入冬子
発行所　株式会社　筑摩書房
東京都台東区蔵前二―五―三　〒一一一―八七五五
電話番号　〇三―五六八七―二六〇一（代表）
装幀者　安野光雅
印刷所　株式会社精興社
製本所　加藤製本株式会社

ISBN978-4-480-51054-9 C0121